수학을 즐기는 마음

이마무라 키요시(今村 淸) / 정연우 옮김

'인간과 인생'을 수학적으로 풀어쓴다

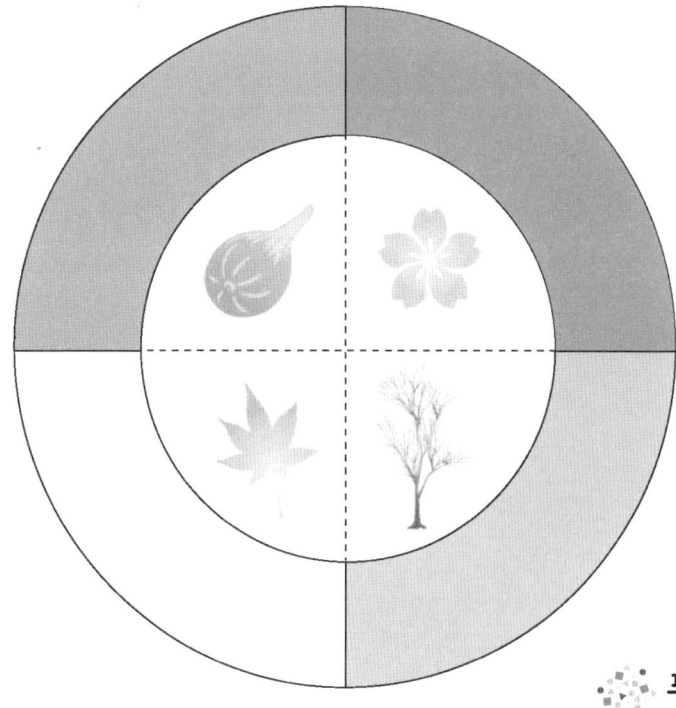

푸른사상
PRUNSASANG

이 도서의 국립중앙도서관 출판시 도서목록(CIP)은 e-CIP 홈페이지(http://www.nl.go.kr/cip.php)에 서 이용하실 수 있습니다. (CIP제어번호 : CIP2010003134)

数楽のこころ

「人間とは、人生とは」を数学的に考える

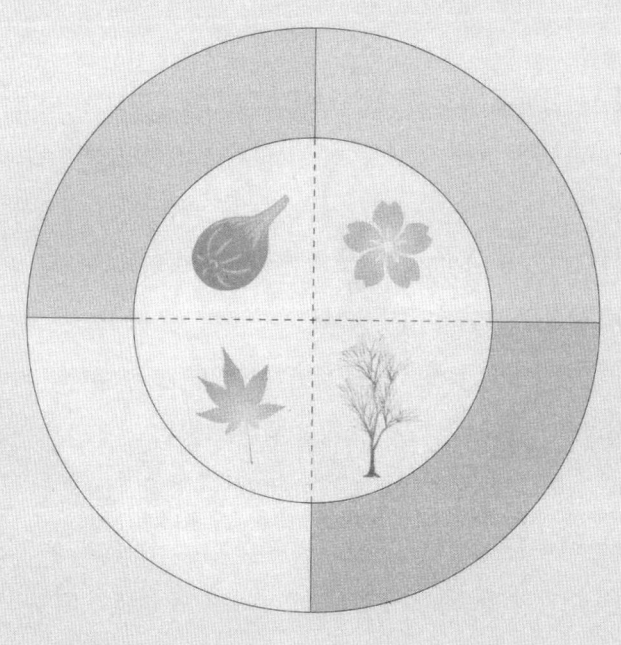

今村　清
Kiyoshi Imamura

博士が愛した数式の解

「実数・虚数」を「タテ・ヨコ」「からだ・こころ」の関係に
置き換えて読み解く数学エッセイ。
愛（i＝虚数）と複素数がわかれば数学はもっと楽しい！

文芸社 ビジュアルアート ◎定価（本体1,300円＋税）

최근, 이과 선호도가 떨어진다고 말한다. 이과(과학)에서는 인간이란 무엇인가, 인생이란 무엇인가라고 하는 정말 알고 싶은 것을 가르쳐 주지 않는 것이 그 원인 중 하나라고 생각한다.

실제, 인간과 인생이란 과학을 초월한 영역의 것이다.

하지만 '모든 학문의 왕인 수학'에 의하면, 조금 설명이 되지 않을까 하는 생각이 들어 시도해 보았다. 이것은 또한 수학의 위대함을 설명하는 것에도 도움이 되리라 생각한다. 이 외에 필자가 연구한 재미있는 수학이나 '오류투성이의 말' 등을 게재했다.

나는 종교와 인연이 있어 많은 종교 지도자를 접할 기회가 있었다. '인간과 인생'은 많은 분들의 가르침이 기본이 되었다.

특히 인도에서 수행하고 도를 깨우친 나카무라 텐푸中村天風 (1876~1968) 선생과 白光眞宏會(세계평화를 기도하는 모임)를 주재하고 있는 고이 마사히사五井昌久(1916~1980) 선생의 가르침은 종교과학이라 말해도 손색이 없을 정도로 깊은 관심을 가지고 신뢰하게 되었다.

| 수학을 즐기는 마음 |

　바야흐로 정보가 흘러넘치고 있는 가운데, 올바른 인간관이나 인생관을 가진 사람이 이상하게도 드문 것은 매우 안타깝고 괴로운 일이다. 이 점에 관해서는 나의 지혜로 쓴 것이 아니라 오직 수학적 뒷받침에 의한 것이다. 번거로운 수식은 건너뛰고 읽어도 무방하다.

　나의 친구인 정연우 선생으로부터 졸저를 한국어로 번역하고 싶다는 연락을 받고 처음에는 대단히 놀랐으나 결국 감사하게 생각하고 허락하였다. 본서에 수학과 신학의 만남에 관한 부분이 있는데, 여기서의 신학이란 초종교적인 것이기에 기독교 신자가 많은 한국에서도 깊은 이해가 있으리라 생각한다. 본서를 통해 행복한 삶을 엮어가는 분이 늘어나면 필자로서는 더할 나위 없는 기쁨이겠다.

2010년 7월

저자 이마무라 키요시(今村 清)

저자 이마무라 키요시今村 淸 씨와의 인연은 2009년 12월 17일 102세로 생을 마감한 저자의 모친 이마무라 히데코今村秀子 여사와의 만남으로 시작되었다.

1975년 6월, 역자가 일본 동경으로 배움의 길을 떠났을 때 처음 만난 이마무라 여사는 재일동포는 물론, 일본을 방문한 한국인 명사나 어려운 한국 사람들을 물심양면으로 도와주었으며, 〈반달의 노래〉 작곡자 윤극영, 수필가 김소운 선생 등과 교분을 가진 후에는 자신의 저서 『반달의 노래半月の詩』와 『들국화 한송이野菊一輪』를 통하여 한국의 문화와 한국인의 진면목을 일본 사람들에게 알리기 위해서 혼신의 노력을 아끼지 아니한 분이다. 그를 통하여 알게 된 저자 이마무라 키요시 씨는 80여 평생을 독신으로 살아오며 지극한 효성과 평소 과묵한 성격, 그리고 사색과 독서로 일관한 삶을 살아온 분이다.

10여 년 전, 나는 저자가 현재 살고 있는 휴양지 아타미熱海를 방문한 일이 있다. 당시 이렇게 아름다운 곳에서 책이라도 쓰면 좋겠다고 무심코 한마디 던진 일이 있었다. 지난 2009년 3월에 한 권의 책과 함께 '지난 날 당신이 나에게 한 말을 듣고 지금에 야 실현하게 되었다'는 사연을 적은 편지를 보내왔다. 그 책이 바로 『수학을 즐기는 마음』이다.

이 책을 접한 순간 책의 내용을 읽기도 전 나의 마음에는 이 책을 한국어로 번역해야겠다는 생각이 들었다. 그것은 저자가 진지하고 학구적이며 맑고 고상한 인격자로서의 삶을 살아온 것을 지켜 보았기 때문이었다.

이분의 내면에 흐르는 사상을 엮은 글이라면, 물론 일본 독자 를 의식하고 기록한 책이지만 한국 독자에게도 무엇인가 도움 을 주리라 믿었기에 감히 번역에 임하게 되었다. 마치 철학의 산책이라 말할 수 있을 정도로 깊은 사색과 명상으로 엮어진 책 의 내용을 읽으며 (신학적인 부분에서는 역자의 신념과는 다소 일치하지 않지만) 학문적 사유의 세계에 있어서는 비교적 자유 로운 일본의 저술환경을 생각하며 독자의 판단에 맡기기로 했다. 참고로 저자는 기독교 신자임을 밝혀 둔다.

　이 책을 접하는 독자 여러분께서 저자의 순수한 탐구 영역과의 생산적 교감이 이루어지기를 바라며, 특히 수학에 한 발 가까이 다가가는 수확을 얻게 된다면, 큰 보람으로 삼겠다.

2010년 7월
역자 정연우

수학을 즐기는 마음

1

태초에 수數가 계시니라

보이지 않는 수도 있다

태초에 수가 계시니라. 이 수는 하나님과 함께 계셨으니 이 수는 곧 하나님이시니라.

이것은 신약성경의 「요한복음」에 나오는 "태초에 말씀이 계시니라. ……"는 문구를 수로 바꾸어 놓은 것이다.

수는 처음부터 말과 같이 있었다. 말을 하면서 우리는 극히 자연스럽게 1, 2, 3, ……이라고 하는 수를 말하게 되었고, 돈을 빌리면서 마이너스라는 개념도 생각하게 되었다.

그러나 '0'이라는 수는 좀처럼 발견되지 않았다. 지금은 2010년이지만, 우리는 21세기라고 한다. 앞의 두 자리만 보면 2010년은 20세기여야 하는데 왜 21세기인 걸까? 처음 세기를 셀 때

'1' 세기가 아닌 '0' 세기로 시작했다면 2010년은 20세기로 딱 맞아 떨어졌을 것이다.

본래 모든 사물의 시작은 무無에서 유有로 생겨나는 것이기에 '0' 이지 '1' 이 아니기 때문에 이러한 논리는 좀처럼 이해할 수 없는 것이다. 따라서 갓 태어난 아이도 '0세' 부터 세는 것이 마땅할 것이다.

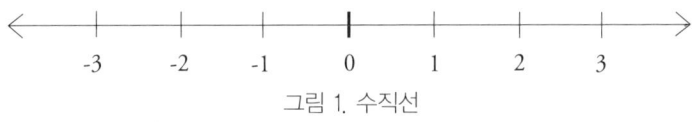

그림 1. 수직선

0의 존재는 수직선(그림 1)에 의해 확실하게 알 수 있다. 일본 도쿄역의 중앙에는 '0킬로 포스트' 가 있는데 그곳을 기점으로 남은 동해도본선, 북은 동북본선이다.

그 다음 등장하는 것이 '루트' ($\sqrt{}$)이다. '루트' 라는 말만 들어도 겁을 먹는 사람들이 있으나 걱정할 필요 없다. 제곱을 거꾸로 생각하면 된다. 예를 들면, $2^2=4$이기에 $\sqrt{4}=2$이다. 그러나 $\sqrt{2}$ 나 $\sqrt{3}$ 이나 $\sqrt{5}$ 는 딱 맞아 떨어지지 않기 때문에, 일본에서는 아래와 같이 외운다.

$$\sqrt{2}=1.41421356\cdots\cdots(\text{一夜一夜に人見ごろ})$$
ひとよ ひと よ　ひとみ

$\sqrt{3}$=1.7320508······ (人並みにおごれや)

$\sqrt{5}$=2.2360679······ (富士山麓オーム鳴く)

역자주 : 일본어에서 お(오)와 れ(레-레이)는 0, ひと (히토)는 1, に(니)와 ふ(후), じ(지)는 2, み(미)와 さん (산)는 3, よ(요)는 4, ご(고)는 5, ろ(로-ろく)와 む(무) 는 6, な(나-なな)는 7, や(야)는 8, く(쿠)는 9을 뜻한 다. $\sqrt{2}$ 는 "하룻밤 하룻밤 사람을 만날 때" 정도로, $\sqrt{3}$ 은 "사람이 나란히 뽐내며 가는구나", $\sqrt{5}$ 는 "후지산 산 기슭에 앵무새가 운다" 정도로 해석할 수 있으나 해석 과 상관없이 외우는 말로 쓰인다.

이와 같이 루트는 모두 수직선 위에 있다. 수직선 위에는 루 트 외에 분수, 소수 등의 수로 밀집되어 있다.

그런데 루트 안에는 어떤 숫자도 들어갈 수 있다. "어떠한 숫 자라도 싫어하지 않고 자신 안에 넣어주는 실로 관대한 기호" (오가와 요코小川洋子, 『박사가 사랑한 수식』)인 것이다. 그러므 로 마이너스도 루트 안에 들어갈 수 있게 되는데, 이것은 실로 귀찮은 문제를 일으키게 된다.

$\sqrt{-4}$ 를 생각해 보자. $(-2) \times (-2) = (+4)$, $(+2) \times (+2) = (+4)$ 가 되므로 같은 수를 곱하여 양수가 아닌 음수 -4가 되는 경우는 없다. 루트는 제곱과 관련된 수이므로 제곱해서 음수가 되는 수를 만들어 보자. 그래서 $2i$라는 숫자를 생각해내, $(2i)^2 = 4i^2 = -4$, 즉 $i^2 = -1$이 되게 한다.

이러한 식이 성립하기 위해 임의로 만들어낸 수 $i = \sqrt{-1}$ 이므로, 이 i를 허수라 한다. 허수는 영어로 imaginary number(상상의 수)라 하는데, 눈에는 보이지 않지만, 절대 공허한, 즉 빈 숫자는 아니다. 지금까지 허수 i를 정리하면, $\sqrt{-a} = \sqrt{a}\,i$ 라는 식을 만들 수 있다.

이는 보이지 않는 수를 도입하게 되면 숫자는 완전한 것이 된다. 따라서 허수를 인지하게 된 것은 인류 최고의 지성이라고 일컬어진다.

수학을 즐기는 마음

2
이원론(인간론)

세로와 가로, 인간은 모두 복소수

　허수는 실수와 전혀 다른 계통의 수이지만, 정수와 분수 등 실수와 똑같은 수의 집단으로 역시 수직선에 나타낼 수 있다.

　그렇다면 실수와 수직선의 관계는 어떨까? 잘 살펴보면 0점만이 양 직선이 서로 공통이다. 그래서 가우스(Johann Carl Friedrich Gauss, 1777~1855)라고 하는 수학자는 0점을 일치시켜 허수 직선을 세로에 두었다.

　이와 같이, 십자에 맞춤으로 해서 서로 고독했던 직선에 활기가 생기는 것 같이 느껴진다(그림 2.1).

　지금까지의 설명으로는 수는 직선 위에 있다고 하는 것이었으나, 실은 이 평면(가우스 평면)을 덮고 있는 것이다. 이것은 가우스가 도입한 복소수(complex number)라고 일컫는 것으로써,

일반적으로 $a+bi$라고 하는 모양으로 표현된다. a는 실수, bi
는 허수이다. $2+3i$를 예로 들어보자.

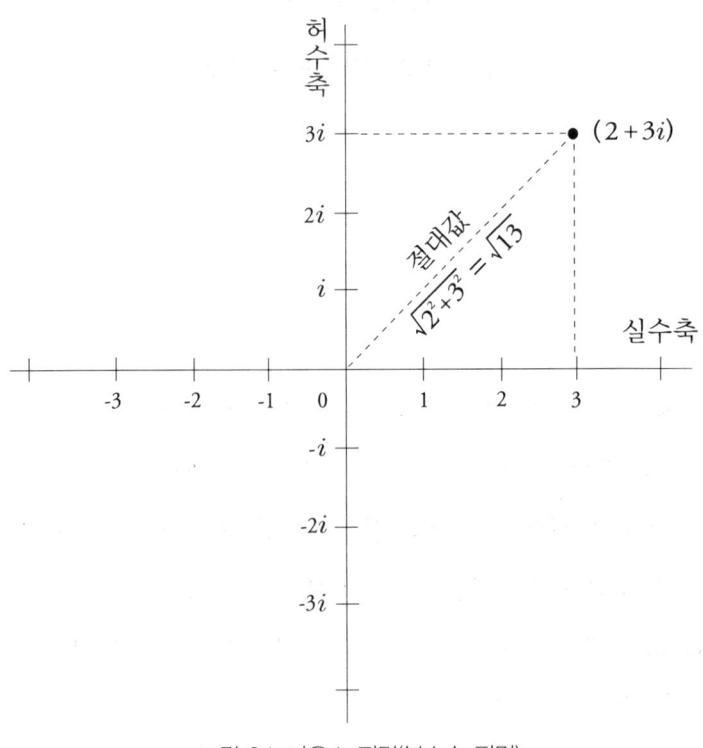

그림 2.1. 가우스 평면(복소수 평면)

이렇게 보면, $a+bi$가 실제의 수로서, $b=0$일 때 실수, $a=0$
일 때 허수가 된다. 그렇다면 왜 $a+bi$가 실수+허수의 형태가
되는 것일까?

예를 들어, 2차 방정식 $x^2 - 4x + 13 = 0$을 풀면, $x = 2 + 3i$, $2 - 3i$가 되고, x값은 실수+허수의 형태가 된다. 이를 2차 함수에 대입하여 보면 $y = x^2 - 4x + 13$의 형태로 x축과 교차하는 지점이 없기 때문에 실수만으로는 나타낼 수 없다.

이전에는 허수를 인정하지 않았기 때문에, 이 함수는 답이 없는 것으로 보았고, 또 2차 방정식은 풀 수 없는 것으로 보았다. 이것은 매우 불편한 것이다. 그러나 허수, 더 나아가 복소수의 개념을 도입함으로 모든 2차 방정식의 답을 구할 수 있게 되었다.

이상은 한 가지 예에 지나지 않지만, 이것으로 인해 수학은 완전하게 되었고, 이후 매우 발전하게 되었다.

가우스는 베토벤(Ludwig van Beethoven, 1770~1827)과 거의 비슷한 시대의 사람으로 베토벤이 고전음악을 완성한 것처럼, 가우스도 수학을 완성하였다. 수학의 최고 기본인 '수'에 관해, 궁극의 수 '복소수'를 발견(또는 도입)했기 때문이다. 가우스는 78세까지 장수하였으며, 수학계에 공헌한 바도 매우 커, 수학의 왕이라고 부른다.

문과 계열의 사람들은 수학은 싫지만 수학사는 재미있다고 말한다. 수학을 단순한 계산 기술로 보지 않고 사상으로 받아들이기 때문이다. 복소수야말로, 정말 중요한 사상이라는 것을 간과해서는 안 된다.

복소수의 실수축이라고 하는 가로실과 허수축이라고 하는 세로실이 수학이라는 직물을 짜게 된다. 모든 것은 세로와 가로의 양방향이 모두 필요하다.

예를 들어, '세로로만 움직이는 조직의 폐해'라는 말이 있듯이, 당연히 가로로 움직이는 조직도 필요하다. 회사에서나 관청에서도 세로 조직과 가로 조직을 만들고 한 사람이 양쪽에 속하게 할 수는 없는 걸까? 조선소는 설계나 현장 등 세로로 움직이는 조직이지만, 한 척의 배를 완성하기 위해서는 가로로 움직이는 그룹이 있어야 한다.

가계부도 세로에 품목, 가로에 1달의 날짜를 적으면(매트릭스), 매일의 집계 외에도 매월 무엇을 얼마나 샀는지도 알 수 있다. 논문을 쓸 때에도 마찬가지로 먼저 항목에 관한 설명을 하고(세로), 다음에 전체를 한 눈에 볼 수 있도록 하면(가로) 이해하기가 더 쉬울 것이다. 이렇게 하면 중요한 것을 2번 언급하는 것도 가능하다.

베를 짜는 원리는 동서고금을 막론하고 다를 바가 없다. 날실(세로)을 베틀에 넣고 상하로 늘어진 날실 사이를 감은 씨실(가로)을 넣은 북(역자주 : 베를 짤 때 씨실을 풀어주는 구실을 하는 배처럼 생긴 나무통)을 오가면서 옷감을 짠다. 북은 영어로는 shuttle이라고 하는데, 빠른 속도로 좌우로 움직이기 때문에 기관차의 피스톤(piston) 수송을 셔틀 서비스(shuttle service)라고도 말한다.

이와 같이, 사물의 전체가 세로와 가로를 필요로 하는데 이것으로 인해 완전한 것이 된다. 즉 필요에 있어 충분한 것이다.

복소수는 $a+bi$와 같이 이원적이지만, 4원의 수 $a+bi+cj+dk$를 생각한 수학자도 있었다. 그러나 4원의 수는 복잡하고 난해하기 때문에 보급되지 않았다.

원자에너지식 $E=mc^2$과 같이 진리는 단순하고 명쾌한 것이다.

다음으로 세로와 가로의 차이점을 생각해 보자.

문장에는 세로 쓰기와 가로 쓰기가 있지만, 문과 계통과 같은 추상적인 것을 세로 쓰기, 이과 계통과 같이 구체적인 것을 가로 쓰기라 한다.

수학에도 허수와 같이 눈에 보이지 않는 수를 세로축, 실수와 같이 현실적인 수를 가로축으로 표시하고 있다.

서양은 가로의 관계가 강한 가로 사회, 동양 특히 일본은 세로가 강한 세로 사회이다. 서양의 오페라는 남녀관계가 주종을 이루지만, 일본의 가부키『충신장』(역자주 : 주군을 잃은 46명의 사무라이가 자신의 주군을 위해 2년을 기다려 복수한 내용)이나 『권화장』(역자주 : 의경 요시츠네의 주종의 애정에 관한 가부키)

은 주종관계이다.

예수 그리스도의 십자가도 가로와 세로이다. 무릇 십자가는 인간의 형태로 만들어져 있으므로, 인간이 양팔을 벌린 모양이다.

수평으로 한 팔로 현실적인 일을 한다.

다른 방향, 즉 얼굴부터 다리까지의 수직부분은 귀중한 것일 수록 위에 붙어 있음을 알 수 있다. 뇌, 눈, 귀, 코, 입, 그리고 쭉 밑에 성기라고 할 정도로 말이다. 그것에 의해 생겨나는 육체는 차원이 낮다는 것을 알게 된다.

실은, 세계도 세로와 가로로부터 이룩된 것이다. 그림 2.2의 세계도世界圖는 고이 마사히사五井昌久 선생의 제창에 의한 것인데, 가로는 현세, 세로는 영계(천국~지옥)이다. 이 세계도는 그림 2.1의 '가우스 평면'과 닮았다고 생각되지 않는가. 즉,

현세 — 실수축

영계 — 허수축

사랑 — i(역자주 : 일본어로 사랑은 "i(아이)"로 발음한다)

사랑과 i는 발음이 우연히도 일치하고 있기 때문에, 결코 억지로 붙인 것이 아니다. 사랑이라고 하면, 연애를 먼저 생각하기 쉽지만, 여기서 말하는 사랑은 '원수를 사랑한다' 고 할 정도로 절대적인 사랑(신의 사랑=진리)인 것이다. 마이너스 방향은 사랑의 반대로, 증오의 세계, 싸움의 세계이다. 천국의 반대는 지옥이다.

이와 같이 '가우스 평면' 이 세계에 대응하는 것은 참으로 불가사의한 것이다.

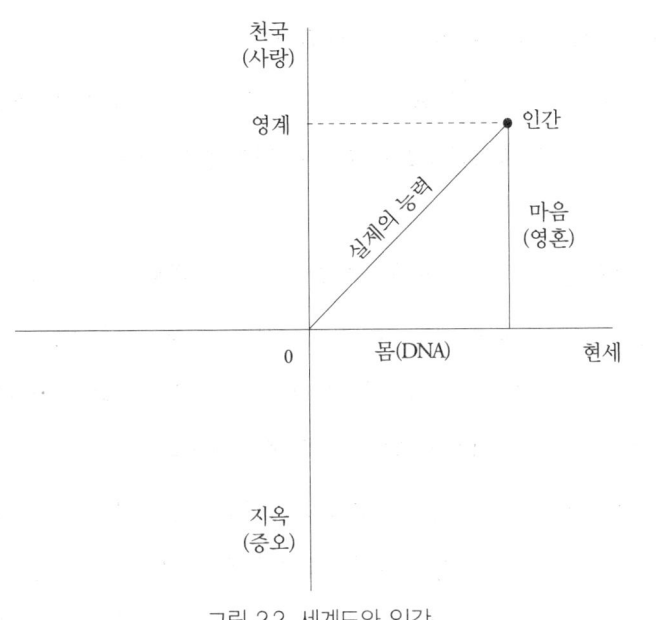

그림 2.2. 세계도와 인간

그 세계의 주인인 한 사람은 1개의 복소수 $a+bi$와 같다. 'a'는 '몸(두뇌 포함)'의 능력과 건강으로, DNA와 관계가 있다. 'b'는 '마음(영성)'의 높이를 표시하는 것으로, DNA와 무관하다.

또 a와 b를 합한 $\sqrt{a^2+b^2}$는 복소수에서는 '절대값'인데 인간에게서는 무엇을 뜻할까? 전인적인 것, 실제의 능력을 표시하는 것일지도 모른다. a는 지능테스트와 체력테스트로 측정할 수 있지만, b는 측정할 방법이 없다.

그러나 예를 들어, '타인의 행복을 기뻐할까'라고 말하면 측정방법이 있을지도 모른다. '타인의 불행은 꿀맛' 등과 같이 다른 사람의 행복을 샘내거나, 질투한다.

a도 b도 수량적으로는 꺼내기 어렵지만 요컨대 몸과 마음은 본래 별개로 90도의 각도를 이루는 것이 중요하다.

애초 인간은 몸+영(마음)이었기에, 태중에서 영혼이 몸에 머물고 있다. 인간은 이와 같이 복합체이다. 죽음으로 인해 인간의 몸은 소멸되지만, 영혼은 남는다. 즉 $a=0$이 되고 bi만 남게 된다. 사후의 세계에는 b가 클수록 행복해진다.

사후에도 자기 자신이라고 하는 의식(자아)이 남아 있기 때문에, 자신의 실체는 영이 된다. 이 세계에서는 영이 몸에 올라타, 육체를 움직이게 된다. 말하자면 '사람은 육체의 운전수'라고

수학을 즐기는 마음

할 수 있을 것이다.

따라서 자기라고 하는 실체는 보이지 않는 것이므로 놀랄 수밖에 없는 결과를 초래하게 된다. 아픈 것은 차가 고장난 것과 같은 것으로 실제 자기와는 관계가 없다. 죽음은 차에서 내리는 것과 같은 것이다.

일반적으로 사람은 모두 자기는 '육체'라고 생각한다. 때문에 죽음은 공포이다. 그러나 잘 생각해 보면, '육체'라고 하는 물체에 어떻게 의식이 있을 수 있을까. 보거나 듣거나 하는 인식이 어떻게 가능한 것일까? 그러므로 자기라고 하는 '육체'와는 별개의 의식체라고 생각하게 되는 것이다. 이것이 영혼, 유체幽體에 꼭 맞게 끼워져 있기 때문에 자기는 '육체'라고 오인하게 된다.

인간은 뇌를 사용해 행동하지만, 생각하는 것은 마음이기 때문에 일종의 물질인 뇌에게 생각하게 할 이유가 없는 것이다. 뇌는 마치 컴퓨터와 같다. 다만, 뇌를 지나지 않으면 생각하는 것이 전달되지 않는다.

그렇기 때문에 뇌가 죽는다고 실제로 죽는 것은 아니다.

또 데카르트의 '생각한다. 고로 나는 존재한다'는 정확하게 지적한 말이 된다.

육체는 유전되지만, 영혼은 유전되지 않아 부모와 다르며, 또 다른 영계로부터 오는 것이다. '아이는 하늘이 점지하는 것'이라고 말하지만, 실은 영계로부터 온 아이를 키운다는 것으로, '맡은 자'이다.

아이의 몸은 자기와 이어져 있는 것일지는 몰라도, 마음은 전혀 별개의, 독립적인 것이다. 이와 같은 생각으로 아이를 보면, 한 걸음 물러서서 좀 더 냉정하게 될 것이다.

자식을 키운다는 것은 의무이지 권리가 아니다. 아이를 만든다고 하는 것은 몸을 만드는 것으로, 이것도 '생명'의 작용이지만 영혼의 수혈에 불과한 것이다.

또, '아버지와 어머니가 결혼하지만 않았어도 나는 태어나지 않았을 거야'라고 말하는 사람이 있지만, 이것은 틀린 것이다. 다른 부부에게서 태어났을 수도 있기 때문이다.

곧잘 '부탁하지도 않았는데 왜 낳아서'라고 불평하는 경우가 있는데, 사실은 부탁하고 있는 것이다.

세상에는 보이지 않는 것을 믿지 않는 사람들도 있다.

시인인 가네코 미스즈金子みすゞ는 "보이지 않아도 존재한다"고 말했다.

시인은 마음이 곱고 영적 소양이 높으며, 영적으로 깨어 있는 사람인 오가와 료호大川隆法에 의하면, 괴테나 셰익스피어는 여래(불교), 미야자와 겐지宮沢賢治, 나쓰메 소세키夏目漱石, 마쓰오 바쇼松尾芭蕉는 보살과 같다는 것이다.

하지만, 이름도 없이 가난하게 살아가는 사람 중에도, 정말 마음이 고결한 사람이 있을 수도 있다.

사람을 평가할 때, 가문보다도 정신세계가 어디로 가고 있는지, 즉 '마음'을 보지 않으면 안 된다.

공산주의는 보이지 않는 것을 송두리째 부정하는 것이 패배의 한 원인이 되었다고 생각된다.

수학자인 오카키요시岡潔는 "인간은 곧 마음이다"라고 말한다.

복소수에서 실수와 허수는 동등의 지위를 점하고 있지만, 인간은 마음이 주체이므로 본래 영적인 존재인 것이다.

인간의 근거지는 영계라서, 수행을 위하여 현세에 태어난 것이다.

인간은 모두 평등하다고 말하지만, 영계는 차별 또는 구별의 세계이므로, 마음의 상태에 따라 사는 곳이 결정된다. 거기에서 조금이라도 좋은 장소에 가고 싶은 마음이 들면, 이 세상에 수행하러 나오게 되는 것이다.

이 세상에서 성실하게 살고 수많은 고통을 견뎌내면 영적 지위가 높아져 1단계라도 좋은 곳으로 가게 되는 것이다. 그래서 죽음은 개선으로 본다.

아이가 죽어서 슬퍼하는 사람이 적지 않지만, 빨리 죽는 것은 이 세상의 수행이 끝나서 죽음 저편에서 수행을 하는 편이 좋다는 신의 계획에 의한 것이다.

목표는 천국(정토)인데 지상에서 여러 일들이 있는 것이다.

석가나 예수를 세계라고 하면 현세와 영계를 포함한 넓은 세계(삼천대천세계)를 의미하게 되며, 수학자가 수로 말하면, 복소수가 되는 것이다. 마치 비행기가 지상을 내려다보는 것과 같이 잘 알게 되는 것이다.

현세(실수)는 하나의 선이지만, 영계(복소수)는 면이며, 아주 넓다.

✲✲ 수학을 즐기는 마음

3

삼각형

피타고라스수, 오일러의 공식

앞 장의 '세로와 가로'의 이야기는 어깨가 뻐근함으로, 원예에서 사용하는 격자와도 같이 바르지 않은 세계에서 긴장을 풀고 자유로워지기를 바란다고 생각한다.

피타고라스의 정리(삼평방의 정리)는 대단히 유명한데 직각삼각형에 있어서 $a^2 + b^2 = c^2$ 라는 식을 말한다(c 는 빗변의 길이).

이것은 피타고라스가 사원에 깔려 있는 돌을 보고 있던 중에 깨달았다고 한다(그림 3.1).

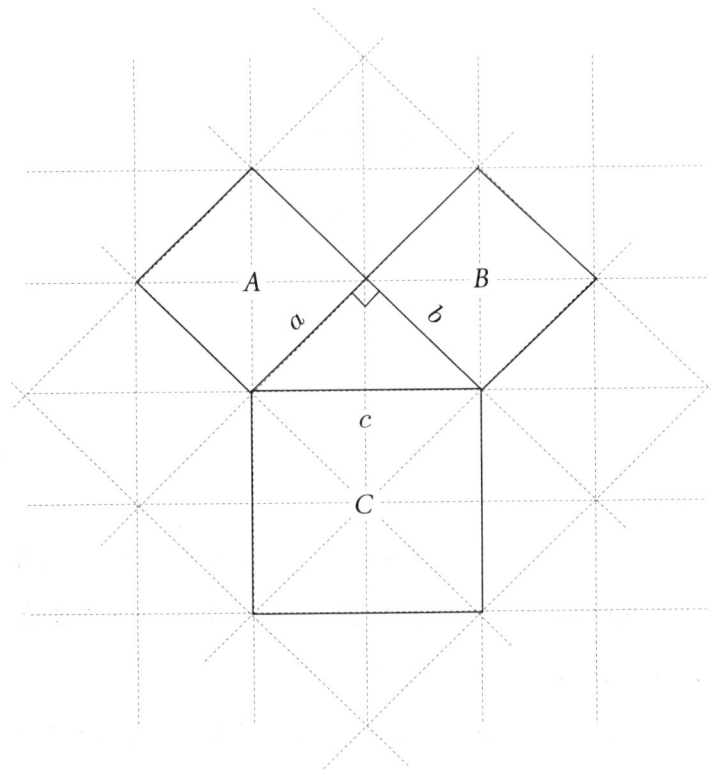

넓이 : $A + B = C$

그림 3.1. 사원의 부석

그러나 이 법칙은 이전에 이미 알려져 있었던 것으로, 말하자면 수학의 근간이 되는 정리이다.

여기에서 a, b, c가 정수가 되는 경우, 그 짝을 '피타고라스 수'라고 한다. 가장 간단한 것은 그림 3.2와 같이 3 : 4 : 5가 되

수학을 즐기는 마음

는 것으로, 옛부터 측량에 사용되어 왔다.

이외에도 5 : 12 : 13 등이 있으나, 어떤 방법으로 찾으면 좋을까? 천천히 시간을 가지고 생각하는 것도 좋지만, 실은 공식이 있다.

$$(a^2 - b^2) : 2ab : (a^2 + b^2)$$

로써 a, b에 정수를 대입하면 된다. 실제로,

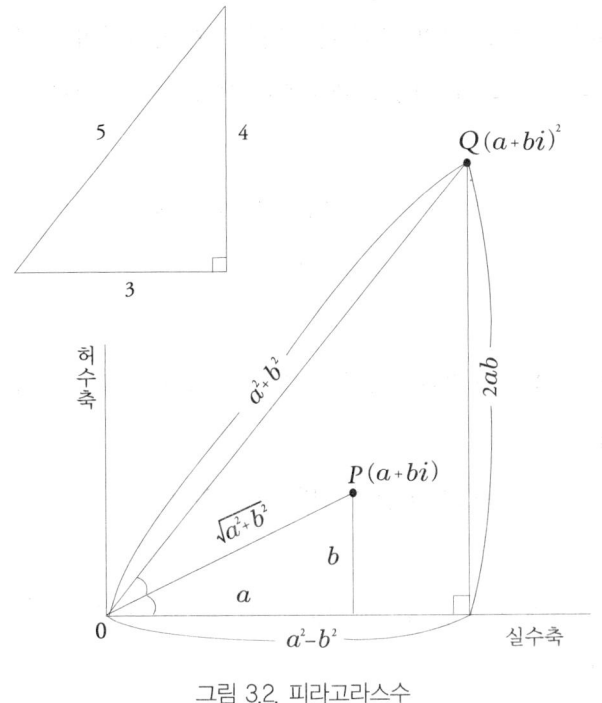

그림 3.2. 피라고라스수

$$(a^2-b^2)^2+(2ab)^2=a^4-2a^2b^2+b^4+4a^2b^2$$
$$=a^4+2a^2b^2+b^4=(a^2+b^2)^2$$

가 되고, $a=2$, $b=1$을 넣으면 $3:4:5$가 된다.

그러면, 이 공식은 어떻게 해서 만들어졌을까?

그림 3.2에 의하면, 빗변은 $\sqrt{a^2+b^2}$가 되지만, 이것이 정수가 되려면 $\sqrt{}$를 벗기지 않으면 안 된다. 여기에서는 실제 복소수를 사용한다.

직각삼각형을 그림 3.2와 같이 가우스 평면에 두게 되면, 점 P 는 $a+bi$가 된다. 이것을 제곱하고, i^2을 -1로 바꾸어,

$$(a+bi)^2=(a^2-b^2)+2abi$$
$$\underset{\text{저변}}{}\quad\underset{\text{높이}}{}$$

가 되고 빗변은 앞의 계산과 같이 (a^2+b^2)가 되어 $\sqrt{}$가 지워진다.

이와 같이 복소수의 위력이 발휘되는 경우이다.

그렇다면 $a^3+b^3=c^3$이라든가 $a^4+b^4=c^4$와 같은 정수는 과연 있는 것일까?

이것이 그 유명한 '페르마의 문제'인데, $x^n + y^n = z^n$에서 'n이 3 이상의 정수인 경우 이 관계를 만족시키는 자연수 x, y, z은 존재하지 않는다'라고 하는 것을 증명하였다. '있다'라고 하는 증명은, 그와 같은 사실을 증명하는 것이 쉽지만, '없다'라고 하는 증명은 대단히 어려운 것이다.

이라크에서는 대량살상무기가 없다고 하는 것을 증명할 길이 없었기 때문에 전쟁이 일어났다.

그렇다 치더라도 n이 3 이상의 정수일 때 자연수 x, y, z은 존재하지 않는다는 것은 신기하고 놀라운 일이다.

$3^3 + 4^3 + 5^3 = 6^3$과 같이 3개항의 결합은 존재하지만, 2개 항에서는 왜 존재하지 않는 것일까?

피타고라스의 정리가 너무나도 중요하고 지배적이어서, 다른 지수를 접근시키지 않는 것은 아닐까?

3에 관한 것으로 다음에 $x^3 - 1 = 0$ 즉 $x^3 = 1$을 풀어보자.

이것은 곧 $x = 1$로 풀 수 있지만, 답이 그것뿐일까?

$x^3 - 1$을 인수분해하면,

$$(x-1)(x^2 + x + 1) = 0$$

이 되고 $x=1$ 이외에도 $x^2 + x + 1 = 0$이라는 이차방정식의 답을
포함하게 된다.

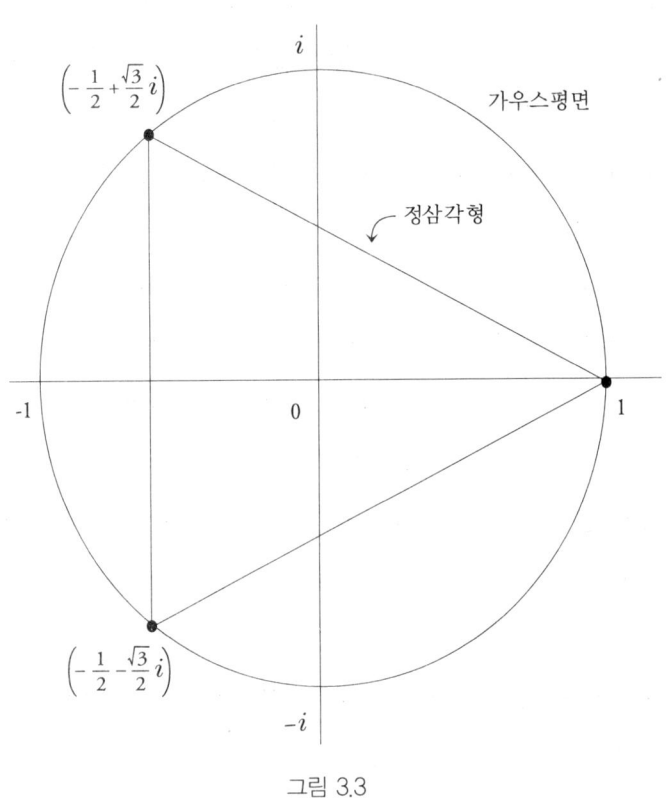

그림 3.3

수학을 즐기는 마음

이것은

$$x = \frac{-1 \pm \sqrt{-3}}{2} = \frac{-1 \pm \sqrt{3}i}{2}$$

라는 복소수가 되어, 이것을 가우스 평면에 넣으면, 3점(1, $\frac{-1+\sqrt{3}i}{2}$, $\frac{-1-\sqrt{3}i}{2}$)이 되어, 3점을 연결하면 정삼각형이 된다 (그림 3.3).

이와 같이 복소수는 재미있는 역할을 한다.

이상은 3차방정식의 한 예로, 답이 3개이듯, 4차방정식은 4개, 5차는 5개가 된다. 일반적으로 n차방정식에는 답이 정확하게 n개가 있으며, 이것을 '대수학의 기본정리'라고 한다. 작가 오가와 요코小川洋子의 표현을 빌리자면 "고상하고 아름다운 정리"인 것이다.

그 답은 실수뿐만 아니라 복소수도 포함한 것으로 복소수의 존재가 얼마나 중요한가를 알게 된다.

복소수가 없었다면 수학은 성립되지 않았을 것이다.

이런 복소수는 삼각함수와도 관계가 있다.

복소수는 $a+bi$로 표시되지만, 이것은 직각좌표이고 별도로 극좌표도 있다.

그림 3.4에 의하면

$$a=r\cos\theta, \; b=r\sin\theta$$

이므로,

$$a + bi = r\cos\theta + ir\sin\theta$$
$$= r(\cos\theta + i\sin\theta)$$

가 된다. r은 절대값이다.

실은 지금부터 천지가 놀랄만한 일이 있다.

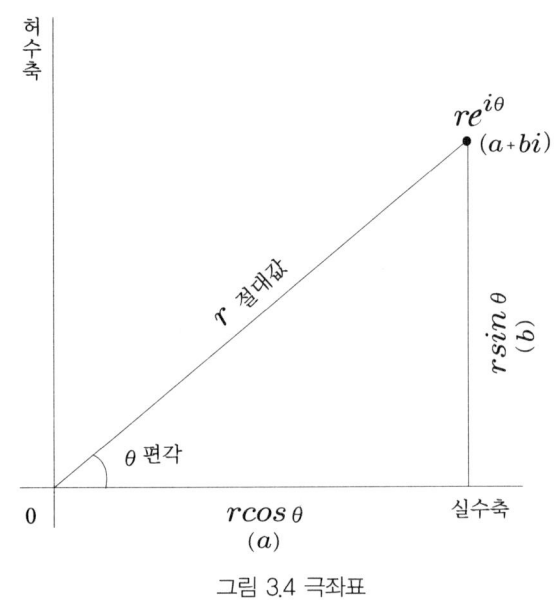

그림 3.4 극좌표

$$e^{i\theta} = \cos\theta + i\sin\theta \quad (e = 2.71828\cdots\cdots)$$

라고 하는 '오일러(Leonhard Euler, 1707~1783)의 공식'이 있다. 즉,

$$a + bi = r(cos\theta + i\,sin\theta) = re^{i\theta}$$

이 되고, 복소수가 $re^{i\theta}$라고 하는 하나의 항으로 표시된다. 복소수라고는 하지만, 이것은 하나의 수에 지나지 않는다.

여기에서 e^i(e의 i제곱, 일본어로 '애정愛情'과 발음이 같다)이란 무엇인가에 대해 물어볼 수 있다. 실질적 의미는 없기 때문에 하나의 기호 정도로 생각해도 무방할 것이다. 그러나 보통 지수관계와 같이 계산이 가능하다.

그렇더라도 수학 연구를 하면서 '오일러의 공식'만큼 불가사의한 것도 없다.

허수를 넣는 것에 따라 e^x라는 지수관계와 삼각함수가 결합되기 때문이다. 미분과 적분에 의해서도 곡선의 모양이 변하지 않는 성질이 있기 때문에 어디서나 연결해도 이상할 것이 없지만 복소수라고 하는 형태로 연결하면 이상해진다.

오일러공식은 $r=1$의 경우에, 말하자면, 복소수의 단위라고도 할 수 있다. 오일러는 아직 복소수를 알지 못했던 것일까.

어떤 수학자는 '수학이란 이런 것이다'라고 말하고 있다. '이런 것'이란 하늘에서 떨어져 왔다는 것이다.

다시 요코 씨의 말을 빌리면 "하나님의 수첩에 기록되어 있는 것"이다. 더구나 제1쪽에! 이 신비한 공식 덕분에, 복소수는 마법과 같은 활동을 한다.

이분의 저서 『박사가 사랑한 수식』에는 $e^{\pi i}+1=0$이라는 형태로 나온다. 이것은 $e^{\pi i}$의 θ를 π(180도)로 보았을 때, $e^{\pi i}=-1$을 변환한 것이다.

$e^{\pi i}+1=0$의 식에는 e, π, i, 1, 0이 있고, 수학의 기본적인 수가 한 곳에 모여 있어서, 신기하고 소중하게 여겨진다.

같은 책에서 박사가 이 수식을 종이에 써 보이면, 지금까지 떠들던 사람들도 모두 조용할 정도로 권위가 있었다고 한다. 마치 암행어사의 마패와도 같이 말이다.

수학을 즐기는 마음

여기에서 사람을 복소수로 나타내는 말로 돌아가면,

$$\frac{a}{b}=\frac{r sin\theta}{r cos\theta}=tan\theta$$

가 되고(그림 3.4), $tan\theta$는 a(몸)와 b(마음)의 비율이 된다. a와 b는 밸런스가 필요하므로, θ가 너무 작은 것은 곤란하다. θ가 마이너스인 것은 더욱더 곤란하다.

4
사계

만물은 파동, 인생은 반복

'문과의 머리를 두드리면, 데카르트·칸트의 소리가 난다. 이과의 머리를 두드리면 사인·코사인의 소리가 난다.'

이것은 옛날에 6년제 고등학교에서 노래로 부르던 것이다.

이와 같이 수학에서는 사인·코사인(삼각함수)이 자주 나오지만, 사인 곡선이라고 하는 것을 본 것이 있는가? 미끄러지듯 아름다운 곡선이다(그림 4.1).

변화하는 모든 것은 거의 이 곡선에 따르고 있으며, 반복된다.

예를 들어, 하루의 태양의 높이나 1년의 태양의 높이(천체가 자오선을 통과할 때의 시각)가 그렇다. 주간의 길이나 기온도 마찬가지다. 단, 기온은 약 1달(1년의 $\frac{1}{8}$)만 늦어진다. 이것은 공기가 따뜻해지는데 시간이 걸리기 때문인데, 아주 더울 때는

3개의 사계절에 대응하는 것을 보아주길 바란다.

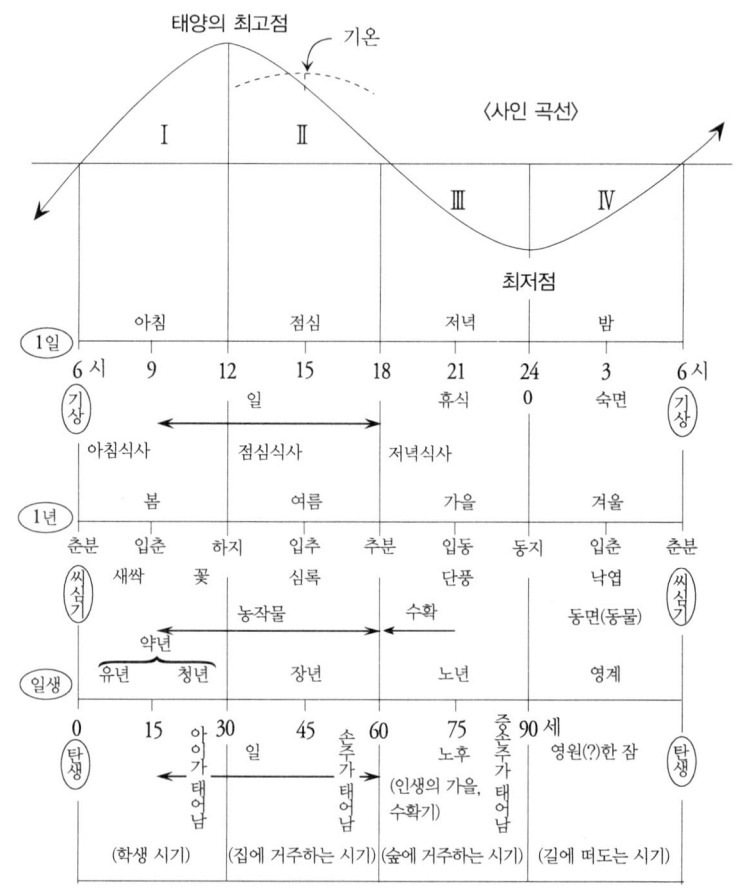

주) 하루와 일생은 표준적인 것으로 사람에 따라 다를 수 있음. ( )안은 고대 인도의 4주기.

(그림 4.1) 3개의 계절

입추경이 된다. 그래서 여름은 입추를 중심으로 해서 3개월이 되고, 다른 계절도 거기에 따른다.

또 아주 추울 때는 입춘경이지만, 태양은 약간 높아지고, 햇살은 밝기 때문에 '빛의 봄'이라고 하는 말이 생겨났다. 하루의 생활도 태양의 운행보다 몇 시간 늦어지는 것을 알게 될 것이다.

1년을 24로 나누는 24절기가 있는데, 이것은 다시 하루의 24시간에 대응한다. 하지는 정오가 되고, 둘 다 태양이 최고 높은 위치에 있다. 반대로 동지(0시)에 태양은 최고 낮은 위치에 있게 된다.

사인곡선에서 변화가 적은 부분과 큰 부분이 있다. 여름은 더위가 겨울은 추위가 계속되고, 봄과 가을은 기온의 변화가 크다는 것을 알 수 있다.

또 사인곡선은 4개의 부분으로 나누어지는데, 사계절이 이에 해당된다. 봄은 1년의 아침, 여름은 낮, 가을은 저녁, 겨울은 밤과 같아서 하루에도 사계절이 존재하게 된다. 신문의 TV란에도 절기마다 색깔을 바꾸고 있다. 그리고 그 절기가 변할 때(6시간마다) 식사를 한다. 생활의 단락이다.

그렇다면 인생이란 무엇인가. 인간을 하나의 나뭇잎에 비유해 생각해 보자.

출생은 춘분(6시)경으로 갓난아기와 같이 부드러운 새싹이 나온다.

15세는 입하(9시)로 신록에서부터 꽃이 피고, 성性에 눈을 뜨기 시작한다. 의무교육이 끝나고, 직장에 취직한다.

30세는 하지(12시)로 육체적으로는 절정기인데, 60세(추분, 18시)까지 한창일 때여서, 인생의 여름이 된다. 잎은 푸르디 푸르고 무성하다.

60세가 되면 육체는 쇠하기 시작한다. 노후, 인생의 가을이 시작된다. 그러나 하루로 보면, 일이 끝나고 편하게 쉬며 즐기는 시간이다. 1년으로 보면 농작물을 수확할 때이다.

75세는 입동(21시)으로 바야흐로 가을의 절정기가 되고, 단풍이 유종의 미를 장식하게 된다. 말하자면 인생의 원숙기가 되는 것이다.

90세는 동지(24시)로 육체적으로 기운이 완전히 쇠한 시기로 죽음을 맞이하게 된다. 낙엽이다.

대체로 30세가 되면 자식이 태어나고, 60세가 되면 손자가 태어나며, 증손자가 태어남과 동시에 교대로 저세상에 가게 된다.

그러면 0시부터 6시까지, 동지부터 춘분까지의 겨울 인생이란 무엇일까? 인생의 제4기란?

하루의 제4기는 밤으로, 사람이 잠을 자는 시간이다.

1년의 제4기는 겨울로 나무의 잎이 떨어지고, 죽음의 세계에 이른다. 동면을 하는 동물도 있다.

그러므로 인생의 제4기는 바로 죽음이다. "영원한 죽음에 들어가다."라고 말한다. 즉 저 세상으로 옮겨지는 것이다. 윗옷을 벗고 잠에 드는 것과 같이 육체를 훨훨 벗어던지는 것이다. 고대 인도에는 4주기住期라고 하는 사고방식이 있어 인생의 제4기를 유행기遊行期라고 말했지만 여기에서는 영혼의 세계로 가는 것을 말한다.

자고 있을 때에 하루의 피곤이 풀리는 것처럼, 저세상에서도 현세의 피곤이 풀리지 않을까. 또 밤에 잠을 잘 때 꾸는 꿈은 저 세상과 비슷하지 않을까. 꿈에서 하늘을 날기도 하고, 가고 싶은 곳에 바로 달려가기도 한다. 실제로 꿈속에서 저세상을 가는 경우도 있는 것 같다.

그래서 아침, 눈을 뜨는 것처럼 다시 태어나는 것이다. 봄이 되면 새로운 싹이 트는 것처럼 새로운 육체로 들어간다.

이와 같이 인생의 4계절도 반복된다. 주기가 120~130년이라는 설(고이 마사히사)도 있다. 인간의 실체는 영혼으로, 영혼의 세계부터 이 세계로 오기도 하고 돌아가기도 하는 것이기 때문에 단 한 번뿐이라고 하는 것은 부자연스럽다. 밀려 왔다가 되돌아가는 파도가 영원히 지속되는 것처럼, 몇 번이고 다시 환생한다고 생각해도 무방하지 않을까?

아름답게 단장한 잎이 새로 돋을 때마다 다르겠지만, 인간의 실체는 큰 나무이다. 나이테는 환생의 횟수, 즉 경험의 축적을 나타낸다.

1년 365일은 52주기와 1일이기에, 한 계절은 13주가 된다. 즉 1년 = 4계절×13주+1일이 되는데, 무엇인가 연상되는 게 없으신지……

바로 '트럼프'다. 4종×13장으로, 조커(Joker)를 마지막 1일로 생각하면 될 것이다. 실제 한 해의 마지막 날(섣달 그믐날, 12월 31일)은 빚쟁이로 인해 소란스럽다.

또 Jack ~ King을 11~13으로 계산해서, 트럼프의 수를 전부 더하면 $4×13×7 = 364$가 되고, Joker의 1을 더하면 365로 정확하게 1년이 된다. 신기하게도 잘 들어맞는다. 1~13의 평균치가 7(1주일)이기 때문이다.

인생은 트럼프와 같다. 그렇다면 사람마다 패가 좋은 사람과 나쁜 사람이 있는데 어떻게 나누어지는 것일까?

그것은 그때까지 수차 환생하는 가운데 행한 행동에 의한 결과로서, 선한 행동은 좋은 결과善因善果를, 악한 행동은 나쁜 결과惡因惡果를 낳는다고 하는 윤리적 인과율이 작용하기 때문이다.

원인에 따른 결과는 오랜 시간이 걸리므로, 일생에 나타나기는 어렵다. "잘못한 것이 없는데, 어찌하여 이러한 고통을 주시나이까." 하고 탄식하는 경우에 이르게 되는 것이다.

인생 전반에 걸쳐 자세히 살펴볼 수 있으면 좋겠지만, 불가능하기 때문에 안타까울 수밖에 없다. 그러나 처음부터 새롭게 태어나므로, 과거의 싫은 기억들을 모두 잊는 것이 좋을 것이다.

역으로 내세의 카드는 지금 만들어지고 있다.

죄는 어딘가에서 속죄함을 받고 있으며, 플러스 · 마이너스 · 제로가 되고 있다. 무엇보다도 시련(수)의 한 단계로서 고통이 닥칠 때도 있는 것이므로 시련을 꼭 죄가 많아서라고 생각할 필요는 없다.

또 전쟁이나 재해 등으로 인류의 죄의 한 부분을 짊어지게 되는 경우도 있다고 생각한다.

자, "단 한 번뿐인 인생"이라고 말하지만, 그것은 "단 한 번뿐이라는 가정으로 최선을 다하며 살아야 한다."는 의미로 받아들이면 좋을 것이다. 석가도 그리스도도 환생에 대해서는 말한 바 없다.

이승에서 깊이 깨닫고 회개하여 구원 받으라는 것일 거다. 실제로는 몇 번이고 다시 태어나기 때문에, 짧은 일생 동안 '지위, 명예, 재산 따위'에 악착같이 매달릴 필요는 없는 것이다.

예를 들면, "이번 생에서는 전업 주부로써 철저하라."고 말하는 것과 같이 천천히 침착하게 살아가면 되는 것이다.

"옷깃만 스쳐도 인연"이라고 말하지만, 이것 역시 환생 사상에 기인하고 있다. 기차의 옆에 앉아 있는 사람도 전생에 어떤 관계가 있었는지도 모르는 일이다.

현생에서의 부모는 전생에서도 상당히 깊은 관계에 있었을지도 모르지만 기억이 완전히 지워져 있다. 미운 시어머니도 전생에서는 친부모였을지도 모를 일이다.

성격이나 능력도 환생에 대한 많은 경험에 의해 길러진 것이다. 천재라 일컬어지는 사람도 몇 생에 걸친 노력의 결과다. 따라서 질투가 무의미하다는 것은 당연하다.

그의 경험은 마음(유체)에 새겨지고 축적되어 잠재의식으로 작용한다.

거물의 자손이라고 해서 반드시 거물이 된다는 보장은 없다. 그 반대가 될 수도 있는데, 바로 경험의 축적에 따라 다르기 때문이다. 육체의 유전(DNA)과는 다른 것이다.

그래서 세습은 의미가 없다. 진정한 능력은 유전되지 않는다. 도쿠가와 막부는 세습으로 말미암아 세력이 약해졌다고 말한

수학을 즐기는 마음

다. 장군將軍을 비롯하여 그의 부관 로주老中도 그들의 권력을 세습했기에 무너진 것이다.

이와 같이 인간은 지금 '짠' 하고 나타난 것이 아니라 많은 과거를 가지고 있는, 말하자면 '뿌리'가 있는 것이다. 교육도 이와 같은 생각으로 행하지 않으면 안 된다.

또 남자로 태어나거나 여자로 태어나기 때문에 대개 사람은 남자와 여자의 중간에 위치한다.

이상과 같이 사람은 1일, 1년, 일생이라고 하는 3개의 사이클(4계절) 가운데 살아 있는 것이다. 4계절은 바로 수학적 대大로맨스이다.

그리고 많은 인생으로서 수행을 쌓아 진리에게 가까이 가는 것이다.

하루, 일생 등으로 말하지만, 일생도 또 하루와 같이 짧고, 어제도 내일도 있는 것이다. 그러므로 '만학(80세까지 공부하는 것)'도 내세에 도움이 된다.

4계절과 같이 음악의 세계도 마찬가지이다(표지 그림).

겨울 : 바흐는 음악의 골격으로 잎이 없는 줄기나 나뭇가지뿐
　　　인 나무.
봄 　: 하이든은 신록, 모차르트의 아름다움은 바로 꽃.
여름 : 베토벤의 곡은 강한 햇빛. 꽃이 진 다음에 열린 영양이

가득한 열매.

가을 : 브람스로 단풍, 그리고 낙엽이 떨어지는 것. 19세기의
마지막을 장식한다.

진정한 고전 음악(클래식)은 여기까지로 그 이후의 근현대 음
악은 물질화되어, 인간의 마음을 감동시키지 못했다. "음악은
고통"이다. 20세기는 물질적 진보의 시대이다.

5

5의 아름다움

황금비, 정12면체

"양손의 손가락이 10개이기 때문에 10진법이 생겨났다. 12개였다면 12진법이 되었을 것이다."라는 설이 있지만 나는 그 반대라고 생각한다.

10은 분명히 한 개의 단위이므로, 손가락을 10개로 하여 만들어진 것이다. 양손으로 5개씩, 아름다운 모양이다. 중앙과 양끝 사이에는 1개씩 균형을 잡은 형태이다.

5는 또, 1과 9의 중간에 있는 중도中道의 수이다.

자연을 살펴보면 5개의 방향으로 꽃잎이 펼쳐져 있는 것이 많다는 것을 깨닫게 된다. 이러한 모습은 아름답다. 4개의 방향으로 펼쳐져 있다면 뭔가 허전한 느낌이 들고, 6개의 방향으로 펼쳐져 있으면 어딘가 칙칙한 것 같다. 애초 꽃은 인간을 위하여

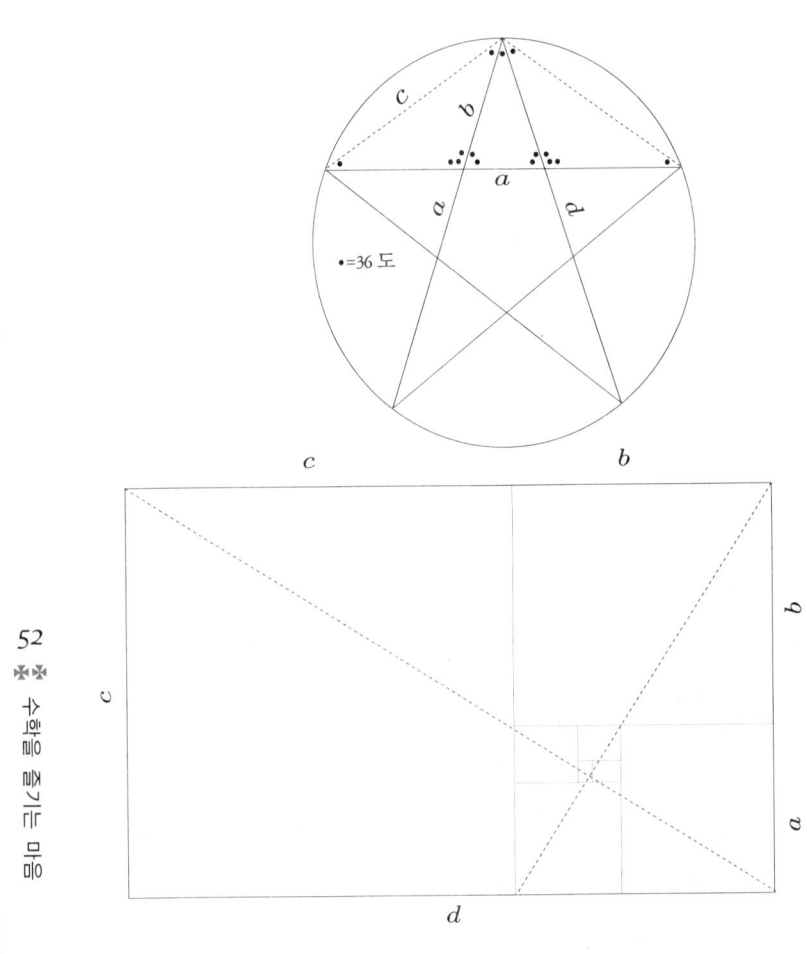

$$a \; : \; b \; = \; b \; : \; c \; = \; c \; : \; d \; = \; 1 \; : \; 1.618$$

그림 5.1. 황금비

피는 것이다.

　5개 방향으로 펼쳐진 것이 아름다운 이유는 별 모양에 있다.

별 모양에는 황금비가 아로새겨져 있다. 황금비라고 하는 것은 약 1 : 1.618, 정확하게는 $1 : \frac{1+\sqrt{5}}{2}$ 로써, 0.618 : 1이나 1.618 : 2.618이어서, 618이 계속 따라다닌다. 황금비의 사각형에서 정사각형으로 잘라내면, 작은 황금비의 사각형이 된다(그림 5.1).

그밖에 예를 들면 용지의 1 : 414($\sqrt{2}$)도 아름답다. 황금비가 동적인데 비하여, 이 백은白銀비는 정적이다.

별 모양의 기원이 되는 정오각형 12개를 모으면, 1개의 입체가 완성된다. 바로 정십이면체이다. 오각형에 의해 정다면체가 되는 것은 자못 신기하다.

정다면체는 5종류밖에 없다. 그밖에 정삼각형에 의해 정사면체, 정팔면체, 정이십면체와 정사각형에 의해 정육면체(입방체)가 된다.

이중에도 정십이면체가 가장 아름답고 자주 사용된다. 12라고 하는 숫자도 1다스로서 아름답다.

2000년 시드니올림픽의 폐회식에서 중앙무대가 있었다. 오륜(5대륙)을 오각형에 연결시킨 상징적인 기획일 것이다.

큰 정십이면체를 지구로 가정하여 세계지도가 그려져 있었고, 상반분과 하반분이 열리면서 축[心棒]에 따라 지면으로 내려와 무대가 되었다. 무대는 오각형이 12개로 선과 선이 맞닿아 마치 꽃잎처럼 전면에 깔린 모양이다. 정말 대단한 연출이었다.

그 외에 정십이면체는 이곳저곳에서 장식용으로 눈에 띈다. 하반분을 용기로, 상반분을 뚜껑으로 사용하면 된다.

자연계에도 찾아볼 수 있는데, 안개풀의 화분은 정십이면체이다. 또 정육각형 20개와 짜맞추면, 축구볼(삼십이면체)이 된다.

그러면 정십이면체 만드는 법을 배워 보자.

우선 각도기나 좌표(뒤에 다시 설명하기로 한다)를 이용해 정오각형 A를 만든다.

그림과 같이 A의 가운데에 별 모양(점선)을 그리고, 다음에 중앙의 작은 정오각형 B의 가운데에 별 모양을 그린 다음, 그 선을 위아래로 이어 그린다. 이렇게 하면 오각형의 둘레에 B가 5개 생긴다.

B의 사이에 약간의 간격이 생기는데 이곳은 '풀칠'을 하는 곳이 된다. 풀칠하는 곳의 옆쪽을 자르고 풀칠을 하면, B를 밑변으로 하는 정십이면체의 반쪽이 생기게 된다. 같은 방법으로 나머지 1개를 더 만들어 이으면 정십이면체가 만들어진다.

그러면 왜 2개가 꼭 들어맞는 것일까? 그것은 반쪽을 위에서 보면, 정십각형이 되기 때문이다(평면도).

입면도의 오각형은 높이가 $\frac{1}{\sqrt{5}}$로 줄어든 것처럼 보인다.

수학을 즐기는 마음

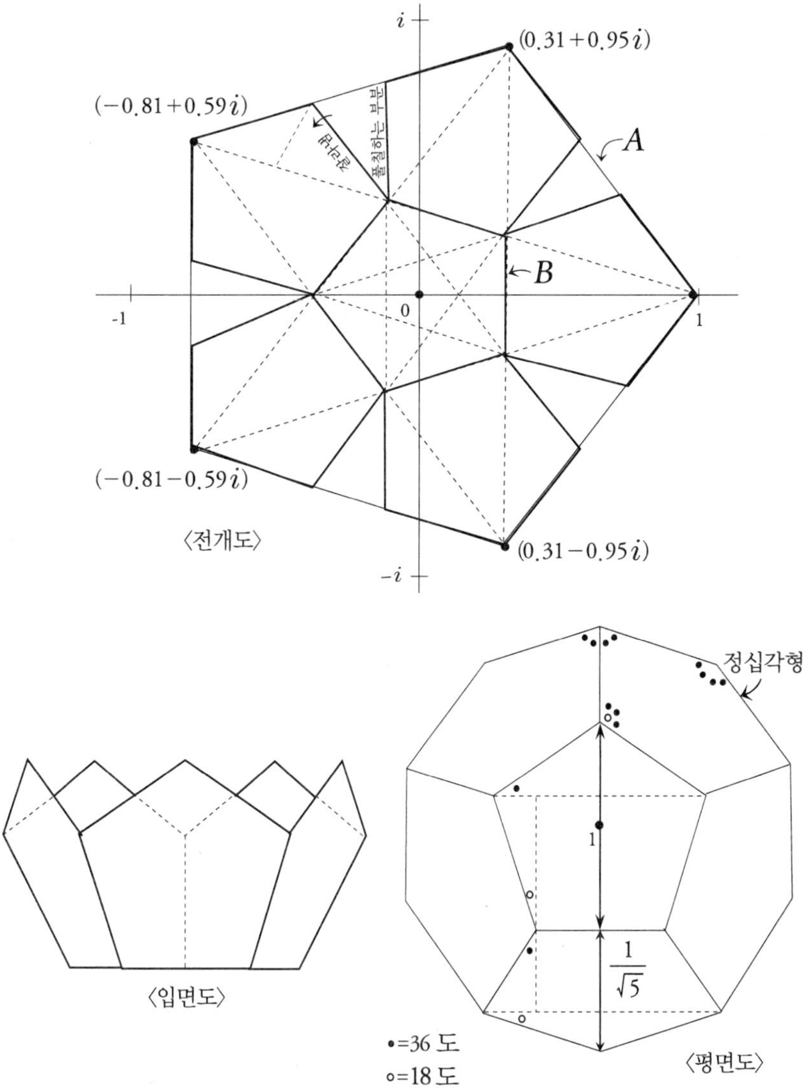
i
(0.31+0.95i)
(−0.81+0.59i)
풀칠하는 부분
A
B
-1
0
1
(−0.81−0.59i)
〈전개도〉
(0.31−0.95i)
−i
정십각형
1
1/√5
〈입면도〉
•=36 도
∘=18 도
〈평면도〉

그림 5.2 정십이면체 만드는 법

$$\frac{tan\,18°}{tan\,36°} = \frac{1}{\sqrt{5}}$$

이기 때문이다.

각도는 전부 36도(둘레의 $\frac{1}{10}$)의 정수 또는 $\frac{1}{2}$ 배로, 딱 맞게 된다. 이것이 바로 수학의 묘미이다.

그러면 정오각형을 만드는 법으로 복소수의 좌표를 구하는 방법으로 보여주겠다.

앞에 설명한 $x^3 - 1 = 0$과 같이 $x^5 - 1 = 0$를 풀면 다음과 같다.

$$x^5 - 1 = (x - 1)(x^4 + x^3 + x^2 + x + 1)$$
$$= (x - 1)(x^2 + 1.618x + 1)(x^2 - 0.618x + 1)$$
$$= 0$$

따라서,

$$x = 1, \ -0.81 \pm 0.59i, \ 0.31 \pm 0.95i$$

가 되므로, 이 5개의 가우스평면에 대입하여 이어주면, 정오각형이 된다. 더욱이 계산하다 보면 1.618, 0.618이라는 황금비가 나타난다.

6

원주율(π)은 왜 나누어떨어지지 않을까

각과 원의 세계, 정확한 넓이의 세계지도

원주율(π)=3.141592……로 끝없이 이어진다. 우주 끝까지도.

컴퓨터로 몇 억 자리까지 나왔다던가, 몇 만 자리까지 기억하는 사람도 있다던가 하는 말이 있다.

그러나 여기에서 왜 나누어떨어지지 않는지 생각해 보자.

그것은 '각'의 세계와 '원'의 세계는 물과 기름처럼 완전히 이질적인 별개의 세계인데, π는 이 두 세계를 이어주는 유일한 다리이기 때문이다(그림 6.1).

그림 6.1 π의 다리

예를 들면, 원의 세계에는 그림 6.2와 같이 원기둥 C (높이=직경)와, 그것에 내접하는 구 B와 원뿔 A의 부피비 A : B : C = 1 : 2 : 3이라고 하면 간단한 비율이 된다. 이것은 예부터 신기한 관계로 인증되어 왔다.

구의 겉넓이는 큰 원의 넓이의 딱 4배이다. 마치 찐빵과 같은 반구의 경우는 위의 곡면의 넓이는, 평평한 바닥 넓이의 딱 2배인 것이다. 신기한 일이다.

이와 같이 원의 세계에서는 서로의 관계가 아름다운 형태를 이룬다. 그러나 원의 넓이=πr^2(r은 반지름)과 같이, 직선(r)에서부터 원까지 π라고 하는 떨어지지 않는 수가 들어가는 것이다.

여기에서 또 하나 구 B의 겉넓이는 원기둥 C의 옆넓이와 같다. 찐빵의 넓이비도 이와 관계가 있다.

그 이유는 그림 6.3과 같이 얇게 자른 부분의 겉넓이를 비교하면, b의 둘레의 길이는 c의 둘레의 길이보다 짧지만, 폭이 경사로 되어 있어 넓기 때문에 넓이는 같게 되는 것이다. 따라서 전체의 면적도 같게 된다.

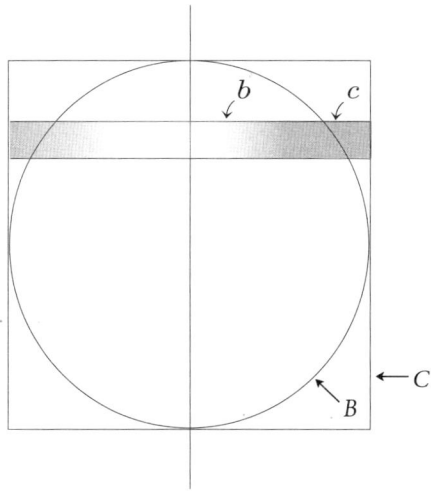

$A : B : C = 1 : 2 : 3$

그림 6.2 아름다운 부피비

그림 6.3 똑같은 겉넓이

그래서 이 성질을 이용해 세계지도를 그려 볼까 한다. 이 엷은 부분의 지구 B에 그려져 있는 지도를 그대로 C에 투영하는 것이다. 이에 따라 넓이가 정확하게 표현되는 일종의 정확한 넓이의 세계지도가 생기게 된다(그림 6.4).

이 지도를 보면, 아프리카나 남미의 크기가 두드러짐을 알 수 있다. 보통 우리가 보는 것은 메르카토르(역자주: Gerhard Mercator, 1512~1594. 메르카토르 도법圖法을 창시. 지도 투영법) 지도라고 말하며, 남극과 북극에 가까워질수록 확대되어 있으므로, 적도에 가까운 아프리카 등은 작게 보인다.

문제가 많은 아프리카는 넓이도 상대적으로 크다. 역으로 북위 70도 부근에 있는 그린란드는 메르카토르지도에서는 남미와 거의 같은 크기로 그려져 있으나, 사실은 $\frac{1}{10}$ 정도의 크기이다.

예를 들어, 북위 60도가 메르카토르 지도에서는 적도 부근과 비교하여 세로, 가로 모두 2배, 넓이에서는 4배가 되지만, 이 지도에서는 가로는 2배가 되고, 세로는 $\frac{1}{2}$ 가 되어 넓이는 똑같게 된다. 그 대신 그린란드와 같이 모양이 납작해져서 보기가 싫을 수도 있다. 이것을 보기 좋게 한 것으로는 '호모로사인 도법圖法'이라고 하는 것이 있지만, 양극 부근에서는 약간 크게 그려져 있다.

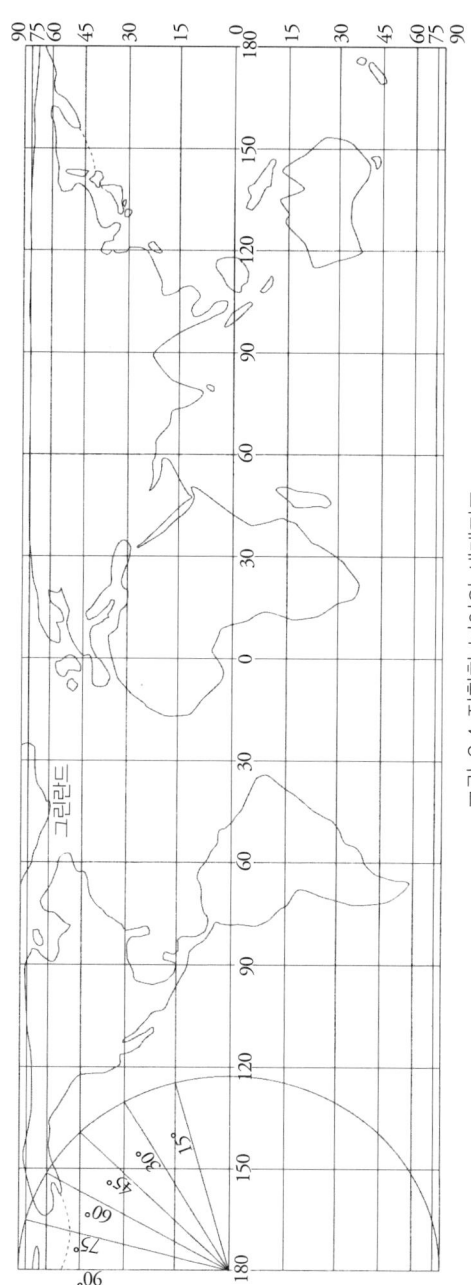

그림 6.4 정확한 넓이의 세계지도

또 이 지도에서는 일본이 아주 끝자락에 있는데, 그것은 경·위도의 원점을 중심에 두었기 때문으로 수학적인 것이다. 유럽 사람들은 이와 같은 지도를 사용했기에 이 방법이 국제적으로 정확한 것이라고 인식되고 있다고 생각한다. 특히 교육용으로 필요하다.

이전에 구소련과 구미가 사상적으로 대립하고 있을 때, 이것을 동서 문제로 거론되었던 적이 있다. 또, 일본을 극동이라고 말하는데 일본 중심의 지도에서는 이와 같은 표현은 있을 수 없다.

또 하나 중요한 것이 있다. 일본 중심의 지도에서는 아프리카와 남미가 어쩔 수 없이 갈라지게 됨으로써, 대륙이동설은 있을 수 없게 된다. 이 이야기는 아프리카 서해안과 남미 동해안의 해안선이 닮았다고 하는 데서 발상이 되었기 때문에 인접해야만 한다.

대륙이동설은 지구의 진화론이라 일컬을 수 있는 장대한 이론으로, 수억 년 전에는 1개의 대륙이었던 것이 분열되어 이동하여 현재의 모습이 되었다고 하는 이론을 말한다.

이 지도에 의하면 일본은 동쪽 끝에 있다. 일본이 어디에 있는지 알지 못하는 사람도 많다. 일본이 외국, 특히 구미에 대해 알고 있는 만큼 그들도 일본에 대해 알고 있지는 않다. 즉 PTR

수학을 즐기는 마음

이 필요한 것이다.

하루는 동쪽의 끝 일본에서부터 시작된다. 일장기는 그것을 나타내고 있다. '세계평화'의 발신지로서 가장 걸맞은 나라인 것이다. 현재 EU(유럽연합)는 이미 제1차 대전 후 일본계 2세에 의해 제창된 것이다.

결국에 원주율에 어긋나지만, π =3.1416으로 하면, 다음의 9를 자른 것이므로 자릿수가 늘어날수록 정밀도가 높은 수에 이르게 되는 것이다. 또한 31416은, 다음과 같이 많은 인수를 갖는다.

$$31416=2^3 \times 3 \times 7 \times 11 \times 17$$

초등학교에서 π =3이라고 가르친 것은 어이없는 일이다. 아이들은 약간 어려운 것이라 할지라도 그대로 흡수시킨다. 아이들은 어른이 생각하는 것만큼, 바보가 아니다. 역으로 어른들은 아이들이 생각하는 것만큼, 영리한 것은 아니다.

7

원근법(투시도)의 불가사의

무한거리가 보이다

사진 7.1을 보라. 끝이 많이 삐뚤어져 있음을 알 수 있다. 사진은 원근법대로 찍는 것이다. 그러면 원근법이란 무엇인가?

사진 7.1 호텔 메트로폴리탄 센다이 그랜드볼룸(《교통신문》, 2005.10.18)

바둑판의 눈금(그림 7.1)을 원근법으로 그리면, 그림 7.2와 같이 된다. 이 경우, 시야는 대체로 원 R의 가운데에 한정되지만, 와이드렌즈(廣角렌즈)에 의하면 보이는 시야의 밖까지도 찍을 수 있다.

시야의 밖의 사각형은 좁고 길어서, 볼(구)은 타원형으로 찍힌다. 실제 눈으로 보는 것과 달리 부자연스럽게 보인다.

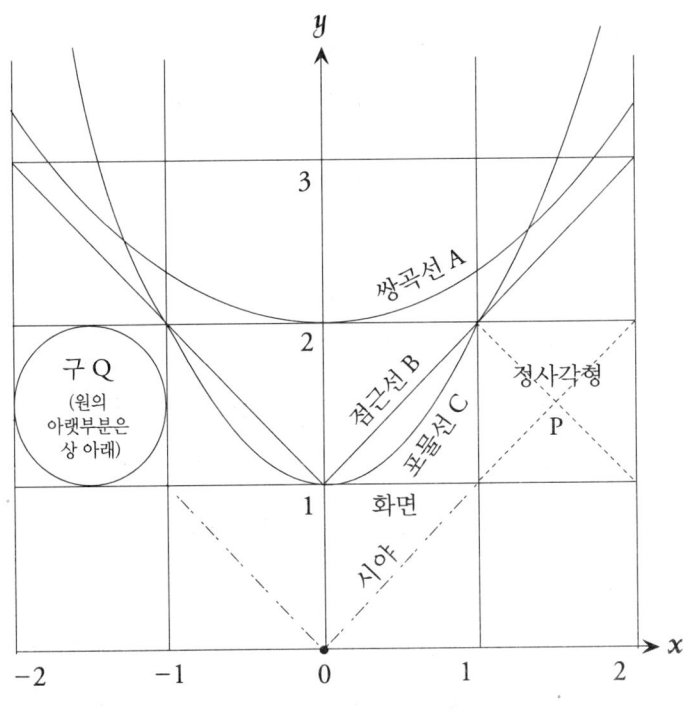

그림 7.1 상이 나타나는 면

구의 경우, 눈을 정점으로 해서 구에 외접하는 원뿔이 기울어진 화면에 잘리게 되므로, 단면 즉 화면의 모양이 타원이 되는 것이다.

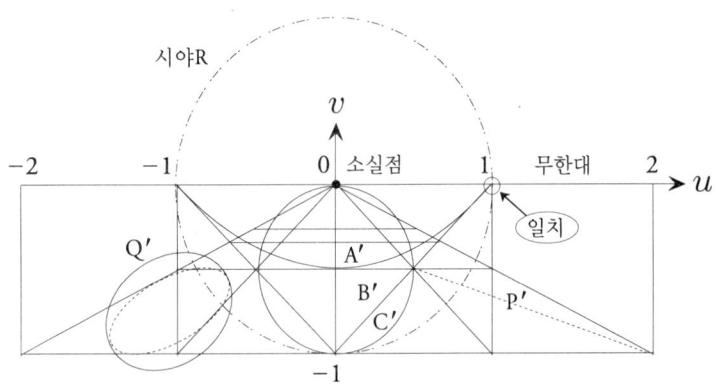

그림 7.2 화면(투시도)

가까운 물체는 크게, 속은 깊게 찍히므로 방 안은 넓게 보인다. 아파트 등을 구입할 때는 주의가 필요하다. 사진은 이와 같이 다이나믹하게 찍히기 때문에 예술사진도 가능하기 때문이다.

원근법에서는 원은 보통 타원이 되지만, 정확한 타원인지는 의문이다.

거기에서 깨달은 것은 좌표변환에 의해 원근법에 의한 투시도도 수식으로 나타낼 수 있지 않을까 하는 것이다. 이것은 후

에 사영기하학射影幾何學이라고 하는 것으로 알려졌다. 이하 약
간 복잡한 계산이 된다.

그래서 상이 나타나는 면(면)과 투시도(면)를 대응해 생각해
보자.

어느 경우에도 눈의 위치를 원점(0)에 두고, 상을 눈보다 1 정
도 아래에 두어 눈에서부터 1 정도 떨어진 위치에 화면을 위치
시킨다. 그림 7.3에서 보여주는 대로다.

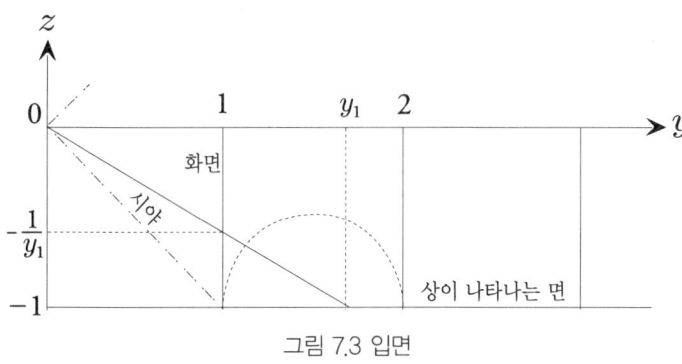

그림 7.3 입면

이에 따르면, xy면의 점 $(x_1,\ y_1)$은 uv면에서는 점 $(\frac{x_1}{y_1},$
$-\frac{1}{y_1})$이 된다. 즉,

$$x=-\frac{u}{v},\ \ y=-\frac{1}{v}$$

을 대입하면 uv면의 도표가 나타난다.

〈예1〉 원 $x^2 + (y-2)^2 = 1$ 은,

$$(-\frac{u}{v})^2 + (-\frac{1}{v} - 2)^2 = 1$$

이 되고, 이것을 풀면

$$u^2 + 3(v + \frac{2}{3})^2 = \frac{1}{3}$$

이므로 타원이 된다(그림은 제시하지 않음).

〈예2〉 쌍곡선 A $(y-1)^2 - x^2 = 1$ 은,

$$(-\frac{1}{v} - 1)^2 - (-\frac{u}{v})^2 = 1$$

이기 때문에,

$$v = \frac{u^2}{2} - \frac{1}{2}$$

이므로, 포물선 A′ 가 된다.

또 점근선 B $(y-1)^2 - x^2 = 0$ 은

$$(-\frac{1}{v} - 1)^2 - (-\frac{u}{v})^2 = 0$$

수학을 즐기는 마음

이므로, $(1+v+u)(1+v-u)=0$은 $v=-u-1$, $u-1$의 2개의 직선 B'가 되어 그림과 같이 $(u, v)=(\pm 1, 0)$로 포물선에 접한다. $v=0$의 선은 끝이 없는 선으로 표시되므로 쌍곡선과 점근선이 일치하는 것을 볼 수 있다. 감격스러워라!

〈예3〉 포물선 C $y=x^2+1$은,

$$-\frac{1}{v}=(-\frac{u}{v})^2+1$$

이기 때문에

$$u^2+(v+\frac{1}{2})^2=(\frac{1}{2})^2$$

로써 원 C'가 되어 불가사의한 느낌이 든다. 이것은 $x\rightarrow\infty$로

$$\frac{x}{y}=\frac{x}{x^2+1}\rightarrow 0$$

가 되기 때문이다.

더구나 일반적으로, $y=x^2+a$에서는, uv면에서 타원이 된다.

⟨2차 곡선 일반⟩

2차 곡선은 일반적으로

$$ax^2 + 2hxy + by^2 + 2gx + 2fy + c = 0 \quad \cdots\cdots ①$$

로 나타나지만, ①식에서,

$$x = -\frac{u}{v}, \quad y = -\frac{1}{v}$$

를 대입하여 정리하면,

$$au^2 - 2guv + cv^2 + 2hu - 2fv + b = 0 \quad \cdots\cdots ②$$

이 되므로, 결국 2차 곡선이 된다.

단지, 곡선의 종류는 변할 수 있다.

①식과 ②식의 계수를 비교해 보면, b와 c, g와 h가 교체되는 것만으로, a와 f는 변하지 않는다.

또 uv와 v항이 마이너스인 것은 상이 나타나는 위치가 $z = -1$(그림 7.3)에 있기 때문에, 일반적으로는,

$$x = \frac{uz}{v}, \quad y = \frac{z}{v} \quad \left(u = \frac{x}{y}, \quad v = \frac{z}{y}\right)$$

가 된다.

　이것에 의하여 임의로 높이의 투시도를 획득하게 된다.

　원근법에 의한 투시도를 그리는 것은 즐거운 일이다. 현실과
는 다른, 다이나믹한 모습이 드러난다.

제2부

$$\frac{x}{x^2+1} \quad \frac{10^3}{3}$$

$$\frac{a}{b} = \frac{r\sin\theta}{r\cos\theta} = \tan\theta$$

$$\frac{\sin 2\theta}{2}$$

$$\frac{1}{10} \quad \sqrt{a^2+b^2} \quad \sqrt[3]{B} \quad \frac{-1-\sqrt{3}i}{2}$$

$$\sqrt{-1} \quad \sqrt[3]{-\frac{q}{2}+\sqrt{D_2}}$$

$$\frac{uz}{v} \quad \frac{K}{25}$$

$$\frac{1157.5}{3}$$

$$\frac{x_1}{y_1}$$

$$\frac{\pi}{4} \quad \sqrt[3]{z}$$

$$\frac{n(n+1)}{2}$$

$$\sqrt[3]{A}$$

8

많고 다양한 수

주로 오류투성이의 말

1) 수학

수학이 오류투성이라는 말은 아니다. 수학에 대한 견해가 잘못되었다는 것이다.

이것은 학교나 수험受驗에 원인이 있는 것으로 생각된다. 어려운 문제에 기이한 답으로 학생들은 괴로워하고, 수험에는 체로 걸러내는 것처럼 수학을 사용하고 있다. 그러므로 수학은 복잡하고 기이한 것 '수는 어려운 것'이 되어 버렸다. 나도 학생 때는 그렇게 생각했었다.

이것이야말로 수학에 대해 매우 잘못 생각한 것이다. 앞에서 서술했듯이 수학은 본래 깔끔하고 아름다운 것이다. 수학자는 그 아름다운 것을 구하기 위해 연구에 매진하는 것이다.

대체로 수학은 계산을 편리하게 하기 위해 고안된 것이 많은데, 인수분해 · 대수 · 행렬 등이 그것이다.

예를 들어, 대수는 몹시 번거롭게 가르치곤 하지만 해 보면 자릿수에 지나지 않는다. 태평양전쟁 개전 때, 미국의 공업 생산력은 일본의 20배라고 했으나 기껏 일본보다 1.3 정도 위에 있었던 것이다($\log 20 = 1.301$).

수학은 답이 1개뿐이기 때문에 재미가 없다고 말하는 사람이 있다. 수학에 한계가 있는 것처럼 들린다.

진리는 하나이기 때문에 답도 당연히 하나일 수밖에 없다. 그러나 후지산 등산길이 여러 곳인 것 같이, 답에 이르는 길(해법)도 여러 가지가 있다. 바로 그 점이 수학의 묘미가 있는 것이며 상쾌한 해법을 찾아내는 것으로 기쁨을 느끼게 되는 것이다.

또 『탄니쇼』(역자주: 歎異抄. 가마쿠라 시대 후기에 쓰여진 일본의 불교서)에 "이 세상에는 진리가 없다."라고 쓰여 있으나, 유일한 예외를 바로 수학에서 찾을 수 있다. 그 정직함에 마음이 풀린다.

일본에는 세키 타카카쓰關孝和와 같은 뛰어난 수학자가 있지만, 전반적으로는 산술적으로 정리하는 수준의 것이 적지 않고, 논리성은 부족하다고 생각된다.

나는 퇴직 후, 수학을 다시 한 번, 정성을 다해 진지하게 생각해 보자고 마음먹었다. 그리하여 학생 시절에는 미처 생각지 못했던 것들이나 이해하지 못했던 것이지만, 여러 가지를 깨닫게 되었다.

이하는 그와 관련해서 쓰려고 하지만, 수학을 좋아하는 분만 읽어 주길 바란다.

(1) 삼각함수의 유리화

삼각함수의 적분을 하다 보면, 유리화를 할 필요가 있다. 이것은 3장에서 서술한 피타고라스 삼각형과 같다는 것을 알 수 있다.

그림 3.2에서 $a=1$, $b=t$로 하면, $(1+it)^2=(1-t^2)+2it$

여기에서 $tan\frac{\theta}{2}=t$라 하면,

$$sin\theta=\frac{2t}{1+t^2}, \quad cos\theta=\frac{1-t^2}{1+t^2}$$

$$tan\theta=\frac{2t}{1-t^2}, \quad d\theta=\frac{2dt}{1+t^2}$$

가 되는 것은 주지의 사실이다.

직각삼각형의 각 변을 유리화하는 데는 이 방법밖에는 없는

것 같다. 학생 시절에는 어떻게 생각해냈을까 하고 신기하게
생각했다.

   (2) 3 · 4차 방정식

   2차 방정식은 간단히 풀 수 있지만, 3차 이상이 되면 너무 복
잡해지고, 5차 이상은 대수적으로 해결할 수 없는 것이 증명되
고 있다.

   우선 3차 방정식을 변형하여 x^2항을 지우면 '$x^3 + px + q$
=0'의 형태가 되고, 그 위에 $x = u + v$로 두지 않으면 안 된다.

   실제, 답은 $\sqrt[3]{A} + \sqrt[3]{B}$ 의 형태로 나타나므로, x를 2개로 나누
어둘 필요가 있었던 것이다. 이 해법을 생각해낸 것은, 이탈리
아의 카르다노(Girolamo Cardano, 1501~1576)였다.

   그러나 4차 방정식에서는 x^3항을 지울 필요가 전혀 없고,
$f(x) = x^4 + px^3 + qx^2 + rx + s = 0$을 당당하게 2개의 인수로
분해하면 되는 것이다. 4는 '2의 제곱'인 축복받은 수인 것이다.

$$f(x) = (x^2 + ax + b)(x^2 + cx + d)$$
$$= x^4 + \underline{(a+c)}x^3 + \underline{(ac+b+d)}x^2 + \underline{(ad+bc)}x + \underline{bd} = 0$$

원식의 계수 $\longrightarrow$ $\quad p \qquad \underline{u \ + \ v} \qquad\qquad r \qquad\quad s$
$$\qquad\qquad\qquad\qquad\qquad q$$

위의 식과 같이 계수를 비교해 보면, $q=u+v$가 되어 ac와 $b+d$로 분리된다. 이것에 따르면 $a+c=p$, $ac=u$, $b+d=v$, $bd=s$가 되어, a, c, b, d가 이차 방정식의 답으로 p, u, v, s로 표시된다.

다음으로 그 답을 $r=ad+bc$에 대입하면,

$$r^2 - prv + p^2 s - (4s - v^2)u = 0$$

이 되어 다시 $u=q-v$를 대입하면

$$v^3 - qv^2 + (pr - 4s)v + (4qs - r^2 - p^2 s) = 0 \quad \cdots\cdots ①$$

또 $v=q-u$를 대입하면

$$u^3 - 2qu^2 + (pr - 4s + q^2)u + (r^2 + p^2 s - pqr) = 0 \quad \cdots\cdots ②$$

으로 2가지 길의 3차 분해방정식이 성립하며, 어느 것을 사용해 풀어도 무방하다.

일반적으로는,

$$x' = x - \frac{p}{4}$$

로써, x^3항을 지운다. 즉 p=0이라고 하는 해법이 주가 되어 있지
만, p=0으로 하기 위한 노력은 대단히 많이 해야 하므로, 이 풀
이가 최선이라고 생각한다. p항은 2, 3항에 지나지 않고, $p \neq 0$
이라도 식은 복잡해지지 않는다.

또 이 풀이는 식의 구조를 잘 이해하는 멋진 방법이다.

(3) 5차 이상의 방정식

2차 방정식 $x^2 + bx + c$=0의 답은,

$$x = -\frac{b}{2} \pm \sqrt{D_1}$$

$$D_1 = (\frac{b}{2})^2 - c$$

3차 방정식 $y^3 + py + q$=0의 답은,

$$y_1 = \sqrt[3]{-\frac{q}{2} + \sqrt{D_2}} + \sqrt[3]{-\frac{q}{2} - \sqrt{D_2}}$$

$$D_2 = (\frac{q}{2})^2 + (\frac{p}{3})^3$$

의 형태가 된다.

여기에서 x, y는 1차식이므로, D_1은 2차, D_2는 6차가 되지

않으면 안 된다.

D_1과 D_2는 판별식이라고 해서, 답이 중복되면 0이 되도록 다음과 같이 표시된다.

$$D_1 = (x_1 - x_2)^2 \qquad\qquad 2\text{차}$$
$$D_2 = (y_1 - y_2)^2 (y_2 - y_3)^2 (y_3 - y_1)^2 \qquad 6\text{차}$$

여기서 $(y_i - y_j)$는 모든 해답의 조합이다. 따라서 4차 방정식의 판별식에서는 $(z_i - z_j)$의 조합은 $_4C_2 = \dfrac{4 \times 3}{2} = 6$과 같이 되므로, 그의 제곱은 12차가 된다. 실제로 4차 방정식의 답은 $z = \sqrt{y}$의 형태가 된다.

5차 방정식에서는 조합은 $_5C_2 = \dfrac{5 \times 4}{2} = 10$이기 때문에, 그 판별식은 20차가 되어야 한다.

거기에서 5차 방정식의 답 w가 $y = \sqrt[3]{x}$, $z = \sqrt{y}$와같은 형태로 표시된다고 하면, $w = \sqrt[3]{z}^{\frac{5}{3}}$라고 하는 형태가 되지 않으면 안 된다. $20 = 12 \times \dfrac{5}{3}$이기 때문이다. 그러나 $\sqrt[3]{}^{\frac{5}{3}}$라고 하는 형태는 대단히 복잡해서, 도저히 풀리지 않는다.

이상은 5차 방정식은 풀리지 않는다는 것에 대한 증명은 되지 않지만, 감은 잡히리라 생각된다. 더욱이 판별식의 차수는,

2차 방정식에서는 2×1=2차

3차 방정식에서는 3×2=6차

4차 방정식에서는 4×3=12차

5차 방정식에서는 5×4=20차

6차 방정식에서는 6×5=30차

7차 방정식에서는 7×6=42차

$$\vdots$$

$\curvearrowright \times 3$

$\curvearrowright \times 2$

$\curvearrowright \times \frac{5}{3}$

이하 정수가 아님

가 되고, 앞의 차수가 정수배倍가 되는 경우에 한해 풀리게 된다.

5차 이상의 방정식이 대수적으로 풀리지 않는 것은 아벨(Niels Henrik Abel, 1802~1829)에 의해 증명되었다. 앞에서 설명한 판별식은 그의 확실한 증거가 되리라고 생각한다.

(4) 연속되는 자연수의 합

1부터 100까지의 수를 합하면 얼마가 되는지에 대한 질문은 유명하다. 이를 식으로 표현하면 1에서 n까지의 합은 $\frac{n(n+1)}{2}$ 로 나타낼 수 있다.

또 $1^2 + 2^2 + 3^2 + \cdots\cdots + n^2$은,

$$\frac{n(n+1)(2n+1)}{6}$$

라는 식으로 일반적으로 쓰고 있지만, 나는

$$\frac{n(n+0.5)(n+1)}{3}$$

로 하는 편이 좋다고 생각한다.

대체로 연속하는 수의 합이라고 하는 것은 적분과 유사한 것으로 적분보다도 약간 크게 된다.

$1^2 + 2^2 + 3^2 + \cdots\cdots + n^2$은

$$\int_0^n x^2\,dx = \frac{n^3}{3}$$

과 유사한 분자의 n^3은 $n(n+0.5)(n+1)$에 가까운 것이다.

더욱이,

$$1^3 + 2^3 + 3^3 + \cdots\cdots + n^3 = \frac{n^2(n+1)^2}{4}$$

으로서,

$$\int_0^n x^3\,dx = \frac{n^4}{4}$$

에 가깝고,

$$1^4+2^4+3^4+\cdots\cdots+n^4=\frac{1}{5}(n-0.264)n(n+0.5)(n+1)(n+1.264)$$

와 $\frac{n^5}{5}$ 과 가까워진다.

즉 $(n+0.5)$ 를 중심으로 한 대칭의 인수를 가지고 있는 것은 재미있다.

더욱이 $1^2+2^2+3^2+\cdots\cdots+10^2=385$ 인데,

$$\int_0^{10}x^2\,dx=\frac{10^3}{3}=333.33$$

또,

$$\int_{0.5}^{10.5}x^2\,dx=\frac{10.5^3-0.5^3}{3}=\frac{1157.5}{3}=385.83$$

으로 385에 아주 가까워진다.

수학을 즐기는 마음

2) 음악

모차르트(Wolfgang Amadeus Mozart, 1756~1791)의 음조에는 천상의 소리가 있다. 그러기에 모차르트를 들으면, 행복한 기분이 든다.

모차르트도 다른 악성들과 같이 무덤이 없다. 공동묘지에 아무렇게나 묻혔기 때문이다. 35세라는 젊은 나이에 그다지 유명하지 않았기 때문이었을까? 그러나 무덤이 없다는 것은 "하늘에서 와서, 하늘로 돌아갔다"라고 하는 것을 상징하고 있는 것이다.

모차르트는 아버지도 누나도 음악가로 음악가족에서 태어났다. 그러므로 음악적 재능의 DNA를 물려받았을 것이다. 그러나 그 재능은 아버지나 누나와는 현격한 차이가 있었다.

그것은 천재성이라고 하는 것으로 DNA만으로는 설명되지 않는 것이다. 앞에서도 말한 바와 같이 다시 태어나고 다시 죽고 하면서 노력한 결과가 유체幽體에 축적되어, 잠재의식 속에서 활동하고 있는 것이다.

그는 25살 때 그때까지의 월급쟁이 생활을 청산하고 오스트리아의 수도 빈(Wien)으로 나가, 자립생활을 시작하였고, 결혼도 하였다.

그로부터 타계할 때까지 10년간, 자기 자신의 마음으로부터 우러나오는 곡을 만든 것이다.

모차르트의 작품번호 K와 작곡연도 Y는 다음과 같은 관계가 있다.

$$Y = \frac{K}{25} + 10$$

이런 곳에서 수식을 대하리라고는 생각도 못했을 것이다.

이것은 생애에 슬럼프도 없이, 매년 거의 25곡을 계속 작곡했다는 이야기다. 최초 K.1은 5살 때였으나, 아이일 때는 얼마되지 않았기 때문에 10살부터로 보면 맞을 것이다.

자필악보를 보면, 아름다운 달필로, 거의 다듬은 흔적이 없다. 천재다운 태도이다. 그래서 "모차르트는 기적이다"라고 하는 사람도 있다.

여기에서 그다지 유명하지 않은 명곡 한 곡을 소개한다. 그것은 「피아노 4중주 제2번 내림 마장조 K.493」으로써 30살 때 작곡한 것이다. 행복 바로 그 자체라고 할 수 있는 곡으로 중후함이 있다.

더구나 「피아노 4중주 1번 사단조 K.478」은 유명한 곡으로, 오스트리아의 황태자도 좋아했다고 한다.

모차르트를 계승하여, 더욱 발전시킨 사람은 14살 연하의 베토벤(Ludwig van Beethoven, 1770~1827)이었다.

그는 명랑하고 강한 사람이었지만, 음악가의 생명이나 다름없는 귀가 서서히 들리지 않게 되면서 깊은 충격과 절망감에 사로잡혀 유서를 쓸 정도에 이르게 되었다. 그래도 거기에서 다시 일어나 수많은 고뇌를 거친 「피아노 3중주곡 제7번 내림 나장조 작품 97(大公)」을 완성했다. 이 곡은 명경지수明鏡止水, 득도得道의 곡이라고 일컬어진다.

이러한 마음으로 더욱더 나아가 53살에 작곡한 『교향곡 제9번 라단조 작품 125』는 음악계에 있어서 금자탑이라 할 수 있다. 클라이맥스(Climax)는 마지막 악장의 합창 「안겨요, 몇 백만의 사람들이여」일 것이다. 무엇에 안길 것인가에 대해서는 밝히지 않았지만, '환희의 송가'이기 때문에 '환희'에 의한 것일 거다. 따라서 환희에 안기는 것이다.

베토벤 이후, 교향곡을 작곡할 필요가 있을까라는 말이 나올 정도였다.

그러나 그가 죽고 6년 후에 태어난 브람스(Johannes Brahms, 1833~1897)는 그것에 대한 도전을 했다.

『교향곡 제1번 다단조 작품 68』은 작곡을 시작한 때부터 20년 후에 겨우 완성하였고 제1악장은 베토벤 후에 교향곡을 작곡하는 괴로움을 그대로 나타낸 곡이다. 전반적으로 베토벤의 제9번을 상당히 의식하고 있는 것처럼 느껴진다. 그런데 그 다음에 작곡된『교향곡 제2번 라장조 작품 73』은 베토벤의 굴레에서 풀려나서 봄의 화원에 내려와 서 있는 것 같은 곡이다. 이탈리아에 가깝고 태양이 눈부시게 빛나는 아름다운 호반에서 영감(Inspiration)을 받은 것이다.

봄은 작곡가에게 큰 영향을 가져다주는 것 같이 생각되는데, 하이든(Franz Joseph Haydn, 1732~1809)의 성담곡聖譚曲『사계』의 봄, 베토벤의「봄 소타나」등 많은 명곡이 있다.

음악을 들으면, 그 나라와 민족에 대해 이해할 수 있을 것 같다는 생각이 든다.

오키나와의 음계는 '레, 라'를 빼었기 때문에 밝고 명랑한 느낌이 든다.

어떤 나라의 왕을 콘서트에 초대해, 연주를 들려준 뒤 어떤 곡이 제일 좋았냐고 물었다고 한다. 왕이 대답하길, '제일 처음 곡'이라고 했다. 그래서 처음 연주곡의 곡명을 말했더니 왕이 말하길, 그 이전의 것이라고 말했다고 한다. 그것은 첫 연주곡이 아니라 오케스트라가 악기를 조율하던 때를 가리키는 것이었다.

이와 같이 나라에 따라 음악은 변한다. 그렇게 말하면, 조율하는 음에도 일종의 분위기가 생기게 마련인 것이다.

서양의 음악은 기독교 교회가 근본이라서 하늘에서부터 왔다고 생각한다. 클래식 음악을 들으면 마음이 씻어지는 것은 그 때문이다. 메이지 시대(1867~1912) 이후 서양의 음악이 일본에 들어왔기 때문에 『고향』과 같은 아름다운 곡이 많이 만들어졌다.

"왜 음악이 있는 것일까?"라는 어린아이의 질문에 아쿠타가와 야수시芥川也寸志(1925~1989)는 다음과 같이 답했다.

"사람은 음악이 없으면 살 수가 없기 때문이야."

89

8. 듣고 다양한 수

3) 종교

세계에는 수많은 종교가 있지만 종교 간의 싸움이 끊이지 않는 것은 교리(교의)를 믿고 있기 때문이다.

대개 교리는 실제보다 과장되어 있어 자신의 종교가 최고라든가, 다른 종교에서는 구원을 받을 수 없다고 말하고 있으며, 교주를 지나치게 숭앙하고 있다.

종교의 목적은 자기 자신의 원래의 모습(하나님의 아들)으로 돌아가는 것이라서, 그 점에 있어서는 당연히 일치하고 있을 것이다. 사랑, 용서, 수용 등은 종교의 본질이 아니던가.

종교는 결코 이데올로기가 아니다.

우선, 기독교에 관하여

① 일신교

우주의 중심이라 할 수 있는 우주신은 하나이지만, 그것으로부터 파생한 신(인격신)은 우주신을 정점으로 한 피라미드 모양으로 별과 같이 무수히 존재한다.

유대에 나타난 신은 그 중의 한 사람으로서 "나 외에 다른 신을 섬기지 마라"(출애굽기 20장 3절. 십계명)고 한 것은 당시의

미신, 사악한 종교에 대한 것이라고 생각해도 무방할 것이다. 그러나 신들은 우주신과 한 몸이므로 '나누어져 있으면서도 하나'라고 봐야 하는 것이 아닐까. 일신교라고 하는 것은 '진리는 하나'라는 의미로 받아들이면 좋을 것이다.

지구도 별의 일종에 지나지 않는다고 주장한 지동설의 갈릴레오(Galileo Galilei, 1564~1642)를 벌할 것이 아니라 세계관(신관)을 바꿔야 했다고 생각한다.

② 하나님의 독생자, 예수 그리스도

사람은 모두 하느님에게서 나온 영靈이므로 모두 '하나님의 아들'이다. 그러므로 창조성이 있다. 예수만이 하나님의 아들이 아니다. 단지 예수는 하나님의 뜻에 온전히 순종한 삶을 살았으며 죄가 없기에 하나님의 아들로 가장 적합한 인물이었던 것이다.

③ 하나님은 사랑인데 왜 심판하는가

우주의 원리(하나님의 마음)는 큰 조화를 이루고 있으므로 조화를 깨트리는 생각이나 말, 행동은 심판(응보)을 받게 된다. 이 세상은 물질뿐만 아니라 생각이 난무한 세계이기도 하다.

조화란 오케스트라처럼 여러 가지 악기가 하모니를 이루는 것이다.

④ 그리스도는 인류를 대신했다

예수 그리스도가 인류의 죄를 갚기 위해 십자가에 매달려 돌아가셨다고 말한다. 결국 우리들을 대신했다는 말인데 그로 인해 우리가 쉽게 천국에 갈 수 있게 되었다는 것을 뜻하는 것은 아니다.

대신이라는 것은 모범이 되었다는 것으로 그리스도와 같이 주어진 십자가를 고분고분 받아들이고 자기를 괴롭힌 사람들을 용서함으로써 천국에 가까이 가게 된다는 것을 의미한다.

인간의 고통을 보고서는 참지 못하고 죄 없는 분이 함께 고통을 짊어지게 된 것이다. 그것도 극형이라는 아주 고통스러운 방법으로……

⑤ 진화론

복잡한 기능을 가진 생물이 우연히 생겨난 것이라고 생각하지는 않는다. 당연히 설계자가 있을 것이다. 그러므로 하나님이 관여했다는 것은 틀림없다. 단지 하나 하나가 아니라 장기적이고 계통적으로 만들어진 것이다. 하나님의 보다 위대함이 느껴진다.

다음으로 불교에 관하여,

일본은 천황을 신으로 생각하고, 교육칙령을 경전으로 하는 국교國敎가 제2차 세계대전의 패전으로 인해 소멸하였으나, 그 것을 대신할 만한 종교가 없었다.

불교가 그것을 대신해야 했음에도 불구하고 스스로 자신의 장례식을 마치고, 극히 일부를 제외하고는 중생의 제도를 수행하지 않고 있다. 이 세상에서 구원하지 않으면 사후에 불경을 외워도 때는 이미 늦은 것이다.

불경도 진독眞讀으로는 의미를 알 수 없으므로 시간은 2~3배가 걸릴지라도 될 수 있는 한 훈독으로 읽어야 한다. 의미를 알면, 불경의 훌륭함, 좋은 점을 알게 될 것이다. 마치 성서를 라틴어에서 여러 나라 언어로 번역할 때와 같이.

그리고 법명은 돈으로 팔 것이 아니라 수행에 의해 주어지는 것이다.

대체로 종교상의 분쟁은 교의가 다르다는 이유뿐만 아니라 종교적 습관의 차이로부터 생기는 것 같다.

이슬람에서 여성은 심지어 수영복까지도 포함해 얼굴을 제외하고는 온몸을 가려서 감추어야 한다. 그런가 하면 서양에서는 나체에 가까울 정도의 차림도 보통으로 생각한다. 성서에서 복장에 관한 특별한 기술이 없다 할지라도 이런 것은 신경 쓰지 않는다. 이 극단적 양쪽이 서로 조금씩 양보해서 중간 정도의 복장을 갖추는 것이 좋지 않을까. 세계 평화를 실현하기 위해서도 이 정도의 용기는 필요하다고 생각한다.

세상에는 무신론자라고 칭하는 사람들이 있으나, 대개의 경우 기성 종교의 신도나 불교를 믿지 않는다고 해서 대자연의 근원이기도 한 사람의 지혜를 초월한 존재를 부정하고 있다는 뜻은 아니다.

하나님은 빛이요, 생명이며, 진리라고 하는 것은 하나의 법칙으로 움직이고 있다.

우리들이 지키고 인도하는 것은 한 사람 한 사람에게 함께하는 수호신인 것이다.

선은 종파를 초월한 기도의 기본이다. 등의 근육을 펴고 발을 꼬는 좌선坐禪은 우주(신)의 미묘한 파동과 하나가 되는 자세인 것이다.

종교를 자기의 형편을 나아지게 하는 것으로 잘못 인식하는 경우가 있다. 아내를 4명 갖도록 한다든가, 지하드聖戰라든가, 그리고 십자군의 경우도 마찬가지이다. 옛날의 교부들은 저택에 살면서, 권세를 휘둘렀다. 그리스도의 제자의 후예들로서 죄를 사하는 권위가 있다고 생각했기 때문이었을까.

어떤 사람에게 "다른 사람에 관한 것을 생각한 적이 있는가?"라고 물었다. 그 사람은 한참 후에 "없다."라고 답했다.

나를 포함해서 세상에는 이와 같은 사람이 많은 것 같다.

다른 사람의 일을 생각하는 것이 바로 종교의 출발점이 아닐까 생각한다.

어떤 미션스쿨의 교칙은 'For others'(타인을 위하여)라고 한다. 또 클라크 박사(William Smith Clark, 1826~1886)의 「소년이여 야망을 가져라」에도 같은 이야기가 있다.

나라와 나라 사이도 마찬가지이다. '자기 나라에만 유익하다면, 다른 나라는 어떻게 되든 상관없다'는 사고방식이 곧 전쟁을 일으킨다. 중일전쟁(1937~1945)에서는 전쟁의 원칙을 깨트리고 현지에서 식료품을 조달하기로 했다. 그래서 일본인은 중국인의 가정에 들어가 식료품을 갈취했다. 또 황군(신의 군대) 사상에 의해 수많은 잔혹한 행위를 자행하기도 한 것이다.

근래에 와서 '공생'이라고 하는 말을 곧잘 한다. 석가나 그리스도가 2000년 전에 존재하고 있었다는 것을 드디어 인정하기 시작한 것이다.

지구상의 수많은 나라가 공생, 공존하기 위해서는 자국도 희생을 감수하지 않으면 안 된다는 것은 당연한 이치이다.

4) 교육

　인생은 앞으로 어떤 일이 일어날지 알 수 없다. 부모가 자녀를 가르칠 때, 제일 중요한 것은 어떤 일이 일어난다고 해도 그것을 견뎌낼 수 있도록 교육해야 한다. 이를 위해서는 '인간은 누구나 수호신의 보호를 받는다' 는 것을 반드시 가르쳐야만 한다.

　다음으로 필요한 것은 가지고 태어난 능력을 발굴하는 것이다. 전생까지의 경험이 능력이 되어 나타난다. 독일에서는 교육을 erziehen(꺼내다, 인출하다)라고 말한다.

　그렇다 하더라도 학교는 왜 재미가 없는 걸까?

　그것은 이미 완성된 것을 새삼스럽게 가르치기 때문으로 실은 거기에 도달하기까지의 과정이 재미있는 것이다.

　될 수 있는 한 일상생활과 관련지어 심혈을 기울이는 방법으로 나뭇잎의 끝마디 같은 하찮은 부분보다는 철학을 가르쳐야 한다. 전자는 시험이 끝나면 잊어버리고 말지만 후자는 일생동안 잊혀지지 않는다.

　학교에 10여 년을 다니면서도 생활에 아무런 도움이 되지 않는 경우가 있다.

　어떤 아파트에서는 전망이 좋은 동향을 구입한 사람이 많은데 나중에 햇볕이 잘 들지 않음을 알고 억울하게 생각했다고 한다.

수학을 즐기는 마음

일조권에 있어서 남향이 절대적인 것은 겨울에는 집안 구석에까지 햇빛이 들어오고 여름에는 거의 해가 들지 않기 때문이다.

물리적으로 관성이나 힘에 대해 수업할 때, 자동차의 충돌사고 등에 관해 잘 가르쳐야 한다. 당연히 가르치고 있겠지마는……

국기가 문제가 되고 있는데, 국제항로를 오가는 배가 선미船尾에 국기를 달지 않으면, 심사를 받지 않은 밀입국선이 된다. 이와 마찬가지로 실례를 들면서 국기의 중요성을 가르쳐야만 한다. 이러한 배에 관하여 일본은 해양국임에도 불구하고 어느 정도 가르치고 있는 것일까?

초등학교에서는 언어(한자)와 구구단을 암기시킬 필요가 있지만, 중학교 이상은 가능한 한 이유를 만들어 피하려고 한다. 구미에서 역사는 암기과목이 아니다. 왜 그곳의 교육방식을 받아들이지 않는 것일까? 일본 사람들은 암기에 지쳐 생각하는 법을 잃어 버리고 있다.

수학도 공식 등을 암기해야 하는 것으로 알려져 있지만, 시험을 볼 때 공식표를 나누어 주면 어떨까?

일상생활에서 1차 방정식을 사용하는 일이 없는데 왜 2차 방정식을 공부해야 하는지에 대해 말하곤 한다.

원, 타원, 포물선 등은 일상적인 것으로 이런 것들은 모두 2차 곡선이다.

방정식도 2차까지는 비교적 쉽게 풀린다. 아인슈타인의 상대성 이론도 2차와 제곱근만으로 나타낼 수 있다.

그러므로 2차까지 공부하는 것은 매우 효과적이다.

오늘날의 수학은 '수험만을 위해 급하게 몰두하는 것'으로 수식에 치우쳐 있지만, 곡선이나 다면체 등의 아름다움을 잘 관상해 볼 만한 것이다.

산술(사칙연산)은 생활에 필요한 것이라고 한다면, 수학은 거의 필요하지 않다.

배를 타는데, 실제에서는 필요 없는 돛단배에서 훈련하는 것과 같다.

교육이란 그와 같은 것으로 어려운 훈련을 통해 고난을 대처할 수 있는 능력을 기르는 것이다.

종교에 관해서는 2차 대전 후 학교에서 피해 왔으나 적극적으로 가르쳐야 한다. 교육기본법이 제대로 기능하지 못한 것도 종교를 제외시켰기 때문이 아닐까.

특정 종교의 선전이 좋지 않으므로 하나의 종교 하나의 종파에 치우치지 않는 종교적 정조교육은 필요하다고 하겠다. 원래, 종교교육은 가정에서 해야 할 것이라고 생각하면서도.

예술이나 종교에 대해 알게 되는 것은 15살쯤부터이므로 고등학교에서는 종교를 마음수련으로써 반드시 해야 한다.

수험은 오늘날 가족 전체를 얽매는 일대의 행사가 되고 말았다.

본래 입학시험은 그 학교의 수업을 받을 능력이나 지식이 있는지 없는지를 살펴 보기 위한 것으로써, 그러한 능력이 있는 사람은 모두 합격, 능력이 없는 사람은 정원이 차지 않아도 불합격 처리되어야 한다.

필요한 과목을 고등학교에서 이수하지 않았다고 해서 대학에서 보충수업을 해야 한다고 하는 것은 입학시험에서 그 과목을 시험해 봐야 한다. 분수 계산이 안 되는 것을 한탄하기 전에 그것을 출제하면 된다.

시험과목은 늘리는 대신 어렵고 이상한 문제들을 없애면 사설 학원에 갈 필요성도 줄어들지 않을까? 입학시험은 일종의 검정시험이어야 한다. 따라서 많이 뽑았다 하더라도 학습능력이 떨어지면 도중에라도 내보내야 한다. 그 사람에게 맞는 대학으로 전학을 보내는 것도 고려해 봄직하다.

세계사 등 필수과목은 입시 과목으로 당연히 해야 하는 것으로 이것에 따라 필수과목에서 제외되는 것을 없애야 한다.

이와 같이 수험지옥 등 어떤 어려운 문제도 원점으로 돌아가서 생각하면 길이 보인다.

세계사에서 제일 처음에 나오는 이집트문명의 왕 이름을 외우다가 시간을 다 보내고, 막상 중요한 근세사를 제대로 적지 못한다면 곤란하다. 따라서 근세사만을 독립된 과목으로 하는 것도 고려해 볼 필요가 있다.

NHK의 대하드라마도 시대물만에 얽매이지 말고 '메이지明治 천황(1867~1912)', '다이쇼大正 천황(1912~1926)', '쇼와昭和 천황(1926~1989)의 패전' 까지도 모두 다루어야 할 것이다. 바야흐로 이제 격동의 세계가 점점 잊혀져 가려 하고 있기 때문이다.

수학을 즐기는 마음

5) 경제

　자유주의경제는 소비에 의해 지탱된다. 한편, 자원·에너지·환경의 상황은 악화되고 소비는 점점 나빠지고 있다고 말한다. 이러한 모순을 해결하는 방법이 있을까?

　물건을 소중히 여기는 것은 진리이다.『법구비유경法句比喩經 4』에 의하면, "찢어진 옷으로 시트를 만들고, 낡은 시트로는 베갯잇을, 낡은 베갯잇으로는 마루 방석을, 낡은 방석으로는 발수건을, 낡은 발수건으로는 걸레를, 낡은 걸레는 잘게 찢어서 진흙과 섞어 집을 지을 때 벽 사이에 넣는다."라고 기록되어 있다. 에도江戶시대에도 재활용이 성행했던 것이다.

　세계에는 수입이 극단적으로 적은 사람이 많이 있지만, 물가가 싸기 때문에 그래도 그럭저럭 생활을 꾸려나가는 사람도 있다.

　물가가 다른 것(국내외 가격차)은 왜 생기는가 하면, 환율이 괴물같기 때문이다. 환율에 의해 그 나라의 물가를 환산하고 있기 때문에 자유주의경제의 모순이 생긴다.

　일본에서는 전쟁 직후는 1달러에 360엔이었지만 현재는 90엔대로 4배의 높은 엔화가 되었다. 국력 또는 경제력이 증가했기 때문에 이와 같이 국내외 가격차가 발생하는 것이다. 이 가격차 때문에 외국인이 일본에 여행을 오게 되면 괴롭게 되고, 반대로

8. 묻고 다양한 수

일본인이 해외로 여행을 자주 가게 된다. 전후 얼마동안 이와는 반대 현상이 나타났었다.

또 일본의 인건비는 외국에 비해 높기 때문에 기업은 직원에게 가혹한 노동을 강요하여 사회적으로 큰 문제가 되고 있다.

환율에는 투기성이 있어 주식과 비슷한 면이 있다.

주식은 본래, 투자에 의해 회사와 이익을 공유하는 것이라는 사상으로부터 시작되었지만, 중요한 목적은 바로 배당이었다. 그런데 처음에 50엔이었던 주식이 몇 천 엔에 팔리게 되는 경우가 생기면서 배당 등도 문제가 되지 않게 되었다.

인간의 욕망이 바로 문제였다. 중학생에게도 주식을 가르쳐 주식이 바로 욕망이 소용돌이치는 세계라는 것을 알게 해야 한다.

투기로 번 돈은 어딘가에서 반드시 잃게 되어 있다.

다음으로 세금에 관해 생각해 보자.

나라라고 하면 일반적으로 국토를 말한다. 그렇기 때문에 토지는 나라의 것이 된다. 그러므로 '내 땅'이라고 하는 것은 우스꽝스럽게 느껴진다.

토지를 나라가 소유하고, 국민에게 빌려 주고 대신에 임대료를 받으면, 새삼스럽게 세금을 부과하지 않아도 되지 않을까? 필요한 경우에는 반환하는 것도 비교적 쉽게 할 수 있다고 생각한다.

종전 직후, 진주군(점령 미군)은 토지를 국가 소유로 할 것을 제안했다고 한다. 고 다나카 카쿠에이田中角榮 전 수상도 토지의 국가 소유에 대해 언급한 바 있다.

토지가 개인 소유로 되어 있기 때문에 이상하게도 땅값이 올라가고, 서민의 생활이 어려워지게 된 것이다. 주택 자금 대부는 오르고, 대부금을 지불하며 아이들을 대학까지 보내기 위해서는 자녀는 하나만 있어야 한다고 생각하는 사람이 많다. 이러한 이유로 저출산의 문제가 생겨나게 된 것이다.

젊은이가 줄어드는 대신 노인은 점점 건강해지고 있다. 노인의 정의를 5년 높여서 70세 이상으로 하면 어떨까?

연금을 지급하는 나이도 70세, 회사 정년도 70세로 하는 것이다.

연금액은 노후의 생활을 보장하는 것으로 과거의 수입과는 무관하게 일률적으로 적용하고 빨리 연금을 받고 싶은 사람에게는 할인 등 차별화해서 조정을 하면 된다. 연금은 세금에서 지불하면, 연금에 관한 문제는 거의 해결될 것이다.

거품경제의 원인은 은행이 나도 나도 하는 식으로 앞다투어 융자를 해주었기 때문이다. 일본사람 특유의 부화뇌동附和雷同의 태도 때문이라 하겠다. 토지나 주가가 급등하면 폭락은 눈에 보듯 뻔하게 예견된 것이다. 부화뇌동성은 전쟁의 원인이 되기도 했다.

또 'Japan as No.1' 이라든가 '21세기는 일본의 세기' 라고까지 말하던 시기가 있었으나, 지금은 어떠한가? 일본과 러시아의 전쟁과도 같이 승리에 대한 원인 분석을 너무 소홀히 한 것 같다.

6) 식물

일본인은 쌀을 주식으로 하고 있지만, 쌀을 정미精米하여 영양분을 깎아 버리고 백미로 만들어 먹고 있다. 이것은 대단히 어리석은 짓일 뿐만 아니라 애석한 일이다. 현미를 압력밥솥에서 밥을 하면, 백미와 같이 부드럽게 되는데……

대체로 하나의 물질에는 전체적으로 영양을 고르게 균형을 갖추고 있으므로 일부만 먹는 것은 의미가 없다. 따라서 전체를 먹게 되면 여러 종류를 먹을 필요가 없게 되는 것이다. 현미밥에는 야채와 소량의 고기를 함께 먹으면 좋다. 또 암 예방에도 도움이 된다고 한다.

일본과 러시아의 전쟁 때 병사들은 주로 백미를 먹고 수만 명의 사람들이 각기병으로 죽거나 움직일 수 없게 되었다. 해군에서는 보리쌀을 섞어 먹었으므로 각기병도 발생하지 않았다고 한다. 그 후에 육군에서도 보리쌀을 섞어 먹게 되었다고 한다. 이렇게 육해군은 원래 별개의 군대였다.

고구마도 껍질이 소화에 좋은 음식이므로, 전부를 먹으면 체하지 않는다. 전쟁 중에나 전쟁 후에 쌀이 부족했을 때 고구마를 많이 먹었다.

전쟁터로 대량의 쌀을 보냈지만 수송선이 격침당하는 등 절

박한 상황이 발생하여 쌀이 도착하지 못하고, 굶어죽거나 영양
실조로 병사하는 경우 등 전투에서 죽는 사람보다 식량이 부족
해 죽는 사람이 더 많았다고 한다.

이와 같이 끔찍한 일을 반복하지 않도록 하기 위해서 전후에
는 열심히 일을 해 경제대국이 되었으나, 공업화로 인해 식량자
급률은 약 40%로 되고, 싼 수입쌀에 의존하게 되었다. "자기 땅
에서 난 것이 몸에도 좋다(신토불이)."라고 하는 말이 있지만,
이것이 사실이라면 지금의 세태는 매우 곤란한 것이다.

만에 하나 수입이 중지되는 경우에는 또다시 고구마를 먹어야
하는 일이 벌어질 것이다. 자급률의 증가는 긴급한 과제이다. 농
업의 부활은 지방의 활성화에도 크게 기여하게 될 것이다.

음식을 버리는 것은 큰 죄이다. 물을 아끼지 않고 함부로 쓰
는 것도 마찬가지이다. 유통기간이 다 되어가는 것을 냉동하여
싸게 팔면 어떨까 하고 생각해 본다. 음식점에서 남은 음식물은
수거하여 사료나 비료로 쓰는 것은 좋은 삶의 지혜이다.

수학을 즐기는 마음

7) 일본과 서양

"서양의 것은 모두 진하다"라고 나쓰메 소세키夏目漱石(1867~1916)
는 말했다. 영국 유학 시절에 진한 것에 호되게 당한 모양이다.

실제로 그런지 예를 들면,

	서양	일본
식사	기름끼가 진함. 칼, 포크 등 다양	담박함. 수저만 사용
회화	유성油性으로 1면에만 칠함	수성水性이며 여백이 있음
음악	복음(4성부)	단음
연극	오페라 등 도구가 많음	노能는 간소하고 추상적
문장	관계대명사가 있어 복잡함	단순, 하이쿠는 걸작
건축	장식이 많음. 석조의 아치형	간소, 나무껍질을 즐김. 목조로 직선적
의학	화학약품, 수술	자연의 약초
종교	행동적	교육적
짐	가방처럼 기능적	보자기처럼 융통성
계산	계산기처럼 복잡함	주산처럼 간소
스포츠	골프 용품처럼 기능을 추구하는 것이 많음	도구는 적음
생활	침대, 테이블, 의자 등 가구가 많음	다다미방에 가구는 작고 적음
의상	몸에 딱 맞게 만듦	옷은 융통성이 있음

전반적으로 동물적−식물적, 구체적−추상적, 복잡−간소, 색채적−단색적이라고 할 수 있다.

서양은 '색즉시공'의 '공空'의 세계, 일본은 '공'에 가까운 세계라고 말할 수 있을 것이다.

일본사람은 일본과 서양, 양쪽의 문화를 즐기기 때문에 행복하다.

일본의 주거는 좌식생활이기 때문에 침대나 의자가 불필요하고, 테이블도 낮게 만든다. 마룻바닥이 높으면 의자 등의 다리가 있을 필요가 없다고 보는 견해도 있다.

서양사람은 대립적이고 투쟁적이기 때문에 바로 보복을 한다.

일본사람은 그것과 대조적으로 평화의 정신을 지니고 있어 '물 흐르듯' 용서한다. 우주의 원리는 '조화'에 있고, 평화의 정신은 그것과 합하여 일치된다. 국가 "당신의 나라는…"을 "평화의 나라…"로 하면 어떨까?

서양에서도 대립적인 것을 조화시켜 만든 깊이 있는 문화를 형성하고 있다. 예를 들면 음악과 같은…….

물과 기름처럼 일본과 서양은 한 번도 싸우지 않으면 안 되었다. 그러나 그 결과 동양과 서양의 관계는 개선되었다.

예를 들면 식사나 의학의 관계처럼 일본(동양)과 서양은 보완관계에 있다. 종교도 마찬가지이다.

하늘은 완전한 것을 만들지 않고 남자와 여자의 경우와 같이 합하여 완전에 가깝게 되도록 하고 있다.

일본은 서양의 좋은 점을 더욱 배워야 할 것이다.

서양사람은 자아와 욕망이 강하고 무엇이든 철저하게 하지 않으면 성에 차지 않는다.

권투나 레슬링에서는 상대방을 끝까지 때려 눕힌다. 하지만 일본의 스모는 그와 다르다.

유럽에서는 성벽에 둘러싸인 아름다운 마을이 적에게 공격받아 함락되면 주민 모두가 노예가 된다. 일본에서는 진다고 해도 성주만 바뀔 뿐이다.

개인의 예를 들면, 공산주의 뿌리가 된 칼 마르크스(Karl Marx, 1818~1883)는 그때까지의 가치관을 모두 부정했다. 심지어 종교마저도 부정하여 자신 스스로가 신이 되었다. 더욱이 그의 주장을 전 세계에 넓히기 위해 수단과 방법을 가리지 않을 정도였다고 한다.

나치의 총통 히틀러(Adolf Hitler, 1889~1945)도 독일사람의 순수한 혈통을 유지하기 위하여 타국을 침략하고, 유태인을 근절하려 했던 것이다.

그러나 그 일념의 강한 욕망이 증기기관을 시작으로 한 기계문명을 탄생시킨 것이다. 우리의 편리한 생활은 대부분 서양문

명에 의한 것이다.

서양에서 보면 일본은 세계의 끝 쪽에 있는 불가사의한 신비의 나라인 것이다. '황금의 나라' 이기도 하고 동경의 나라이기도 하다.

어떤 지휘자가 일본의 오케스트라를 처음으로 지휘했다. 그가 최초로 지휘봉을 흔들어서 소리가 나자, 놀라움과 감격에 사로잡혔다고 한다.

일본의 문화는 다른 유례를 찾아 볼 수 없을 정도로 특별하다고 생각한다.

이 간소하면서도 높은 정신력의 문화를 소중하게 생각하지 않으면 안 된다.

또 한자에 의해 빨리 읽을 수 있으므로 일본사람은 지식이 풍부하다. 이것이 바로 발전된 나라를 이룩할 수 있었던 이유 중에 하나인 것이다.

8) Running mate

선박회사가 어떤 항로를 경영하는 경우, 1쌍의 배로는 부족하므로 여러 척의 선대船隊를 갖는 것이 보통이다. 그래서 그와 같은 배를 서로의 running mate라고 말한다. 낭만적인 여운이 느껴지는 것 같다.

최고의 running mate는 영국의 사우스햄튼과 뉴욕을 1947년부터 20년간 계속 이어온 거선巨船 '퀸메리호'와 '퀸엘리자베스호'일 것이다.

이 두 척의 배는 같은 시간에 양쪽 항구를 출발하여 대서양의 중간쯤에서 스치고 지나가 목적지에 도착한 후 다시 돌아간다. 이와 같이 주1회의 위클리 서비스(Weekly service)를 하고 있었다.

그런데 인간은 혼자 살아갈 수 없기에 서로 버팀목이 되는 사람이 대개 있게 마련이다. 대표적인 예가 바로 부부이지만 부모와 자식, 형제, 친구, 사제 등 사람에 따라 각각 다르다. 어떤 사람이든 인생의 거친 바다를 함께 뛰어넘을 수 있는 running mate(동반자)인 것이다.

우선 부부에 관해 생각해 보자.

남자와 여자는 서로 보완하도록 만들어졌다. 수식으로 표현하자면 남자는 $sin\theta$, 여자는 $cos\theta$일 것이다. 모습은 같지만 위치가 $\frac{1}{4}$차이가 난다. 양쪽을 곱하면

$$sin\theta \times cos\theta = \frac{sin2\theta}{2}$$

가 되고, 그림 8.1과 같이 파장도 진폭도 반쪽인 아이가 태어난다.

또 양쪽을 더하면,

$$sin\theta + cos\theta = \sqrt{2}\, sin(\theta + \frac{\pi}{4})$$

가 되고 한 부분에서는 보충이 되어 남게 되지만 다른 부분에서는 그렇지 않다.

그런데 양쪽을 모두 제곱하여 더하면,

$$sin^2\theta + cos^2\theta = 1$$

으로 항상 1이 되어, 완전히 보충된다.

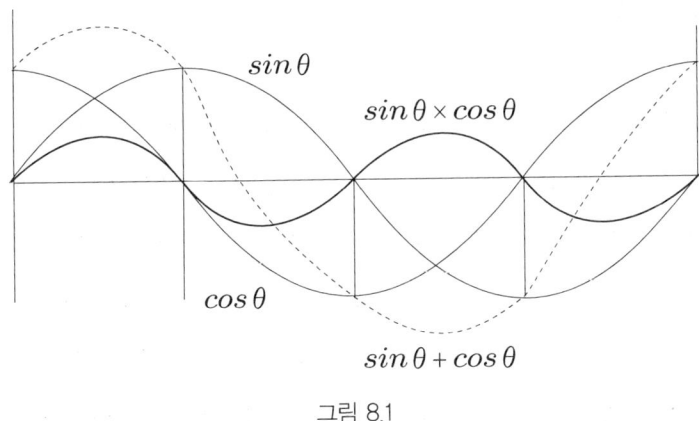

$sin\,\theta$

$sin\,\theta \times cos\,\theta$

$cos\,\theta$

$sin\,\theta + cos\,\theta$

그림 8.1

여기에서 남자의 제곱, 여자의 제곱은 무엇을 뜻하는 것일까. 남자다운 남자, 여자다운 여자가 아닐까? 실제로는 남자와 여자의 중간인 사람들이 많다.

이상은 남자도 여자도 파장과 같다고 하는 것이 전제된 것이다.

남자와 여자는 뇌의 움직임이 다르다. 여자는 좌뇌와 우뇌가 동시에 움직이지만, 남자는 대개 일방향으로만 움직인다.

$cos\theta$은 y축에 대칭되는 선대칭이고, 기함수이기 때문에 여자에게 알맞고, $sin\theta$은 원점에 대칭되는 절대칭으로, 우함수이기 때문에 남자에게 알맞다.

그러므로 생각하는 것이 다르기 때문에 이혼한다는 것은 어리석인 짓이다. 특히 아이가 있을 때는 이혼은 절대로 해서는 안 된다. 아이를 위해 희생해야 하는 것이다. 희생은 존귀한 것으로, 많은 덕을 쌓는 것이다.

대체로 사회는 남자의 희생에 따라, 가정은 여자의 희생에 따라 이루어지고 있는 것이다. 3K(きつい, 汚い, 危險)의 일은 대체로 남자가 담당하고 있다. 여자의 일도, 가사, 아이교육 등 K자가 따라온다.(역자주 : 3K는 영어의 3D와 동일한 개념으로 きつい=Difficult, 汚い=Dirty, 危險=Dangerous를 의미한다. 모두 첫 음절이 K로 발음된다. 마찬가지로 여자의 일인 가사家事, 아이교육子育도 모두 첫 음절이 K로 발음된다.)

역할 분담을 논하면 야단을 맞겠지만 그래도 남자와 여자는 본래 그렇게 만들어진 것이다.

대체로 결혼은 남자와 여자가 대등한 것은 아닌 것 같다.

남자는 회사(일)와, 여자는 집과 결혼하는 것과 마찬가지이다. 집에는 시어머니, 시누이가 있는 것과 마찬가지로, 회사에는 상사(시어머니)와 동료(시누이)가 있다. 남자는 회사의 '며느리' 인 것이다.

이와 같이 남자의 취직과 여자의 결혼은 닮았기 때문에 여자의 결혼을 취직이라고도 말하는 것이 아닐까.

아이도 한 사람의 사회인으로 자립하고 난 뒤, 가장이 정년퇴직을 맞이할 찰라, 이혼을 이야기하는 사람이 있다. 이혼이 하

114
❈❈
수행을 즐기는 마음

고 싶더라도 당분간 집행을 유예하자. 그리고 요리학교에 다녀 보라. 요리가 얼마나 대단한가를 깨닫게 될 것이며, 마음에 평안을 얻게 되리라 생각한다. 가장에게 집안일을 맡기고 본인이 좋아하는 일을 찾아 해보면 좋을 것이다.

가장은 회사와 이혼한 상태이니까, 지금부터가 진정한 부부라 할 수 있다.

핵가족은 누군가가 병이 나면, 갑자기 곤란해져 두려움을 느끼게 된다. 전후 개인주의의 발달로 인해 핵가족이 좋은 것처럼 인식되어 왔으나, 생각을 바꿀 필요가 있다고 생각한다.

3세대가 함께 사는 대가족의 장점은,

① 고령자의 지혜나 일손을 빌릴 수 있다.

② 생활비를 나누어 내므로 돈이 적게 든다.

③ 이상과 같이 아이 양육은 즐거워지고, 저출산화에 제동이 걸린다.

특히 앞으로 수입의 불안정화와 연금의 감소 등의 경제적 이유로 대가족화가 필요하게 되리라고 생각한다.

이렇게 되면 나이 든 사람은 생활의 보람을 느끼고, 젊은이는 안심하면서 생활할 수 있을 것이다.

앞에서 이야기 했듯이 두 척의 거선에도 크기가 반밖에 되지 않는 '모레타니아' 라고 하는 보조선이 있었다. '퀸' 이 독(dock)

에 들어갈 때 또는 선객이 많을 때 활약했던 것이다.

　인류의 2대 애완동물인 개와 고양이도 성질과 능력이 전혀 다른 것은 재미있는 일이다.

　이원론에서도 있는 것과 같이 하나라고 하는 것은 흥미가 없다. 사물을 설명하는 경우 무엇인가와 비교하게 되면 잘 이해할 수 있는 것과 같다.

　'부부바위' 가 바로 그것으로 하나의 바위로서는 명소가 될 수 없다. 크고 작은 것의 절묘한 밸런스가 기분 좋은 것이다.

　1964년 일본의 수도에서 열린 도쿄올림픽 때 세워진 국립 요요기 경기장은 단게 겐조丹下健三에 의해 만들어진 지붕 형식의 획기적인 구조인데, 기둥이 2개 있는 대형건물과 1개 있는 소형건물이 나란히 있어 '부부바위' 처럼 생겼다. 같은 건축가가 만든 신주쿠의 도쿄 도청사도 본관과 의원회관이 나란히 서 있어 '부부바위' 와 같다.

수학을 즐기는 마음

9) 스모

최근, 스모에서 붕대를 감은 부상당한 선수들끼리의 대전이 눈에 띄었다. 애처로워 견딜 수 없었다.

현재 스모는 1년에 6번 열리기 때문에 경기와 경기 사이의 간격은 45일밖에 안 된다. 그래서 부상을 치료할 충분한 시간이 없으므로 무리해서 출전하게 되는 것이다. 결장은 패배와 같이 취급되기 때문에 쉬면 전락한다.

이것을 4번으로 한다면 그 사이의 기간은 75일이 되므로, 이러니 저러니 이야기해도 75일이면 대개 상처도 치료될 것이다. 4번의 경우, 도쿄에서 2회, 오사카에서 1회를 하고, 나고야와 후쿠오카는 1년에 한 번씩 번갈아가며 하게 되면, 수입이 줄어들겠지만, 현재의 방식을 그대로 유지한다면 일본 스모의 쇠퇴는 면할 수 없을 것이다.

(역자주: 일본스모협회가 운영하는 오오즈모는 1년에 6번 열리는데, 한 장소에서 15일간 열린다. 1월은 도쿄, 3월은 오사카, 5월은 도쿄, 7월은 나고야, 9월은 도쿄, 11월은 후쿠오카로 각 경기가 15일씩 진행되기 때문에 두 경기의 공백은 45일이 된다. 반면 4번 열리게 되면, 도쿄 2회, 오사카 1회, 그리고 나고야와 후쿠오카를 격년으로 실시하게 되면, 두 경기의 공백은

75일이 된다.)

예로부터 스모판의 4기둥은 지금까지 4가지 색실로 묶어 장식했는데, 파랑, 빨강, 하양, 검정이 그것이다. 이것은 순서대로 청춘靑春, 주하朱夏, 백추白秋, 현동玄冬과 같다(표지 그림). 따라서 일본의 스모는 계절마다 1회, 년 4회를 하는 것이 이치에 맞는다.

부연하면 세계대전 이전에는 결승전 같은 것이 없었다. 동점자가 있다고 하더라도 연장자인 선수가 우승컵을 안았다. 그러나 전쟁 전과 후의 다름을 단적으로 나타내고 있다. 일본의 패전은 메이지 유신에 버금가는 제2의 혁명이었다.

스모는 보다 더 근대화되지 않으면 안 된다. 소위 '앙꼬형'은 운동성이 둔하고 단순히 상대방을 무게로 압도하려고만 해 그다지 재미가 없다. 게다가 체중을 견디지 못해 다리에 부상을 자주 당한다. 근육형을 목표로 해야 하기 때문에 체중제한도 필요하다고 생각한다.

또한 파랑, 빨강, 하양, 검정의 4가지 색은 각각 동물이 되기도 하고, 사방을 지키는 4신이기도 하다. 청룡(칼), 주작(문), 백호(군대), 현무(바위)(무=거북이)로 요코즈나 아사소류朝靑龍도 그렇다. ( )은 예.

아이즈의 백호대는 유명하지만, 다른 3개의 군대도 있다.

(역자주: 에도시대 무쓰노쿠니의 아이즈 번을 패망하게 했던 아이즈 전쟁 당시 성외곽 수비대원으로 차출돼 전원 사망했던 소년무사집단의 이름이 백호대였다.)

10) 수영

인생은 곧잘 수영에 비유되곤 한다. 떴다가 가라앉는다. 물에 빠진 사람은 지푸라기라도 잡는다. 자기를 버리는 것이야말로 뜨는 것이고 얕은 여울에 닿을 수 있으리라, 수영하는 기술이 능숙해지는 것처럼.

동물은 머리 부분만큼은 뜨는데, 인간은 왜 그런지 아슬아슬하게 뜨지 않는다. 수영이라는 것은 뜨기 위한 노력이라고 말할 수 있다. 더욱이 몸의 구성 요소에 따라서 뜨기 쉬운 사람과 뜨기 어려운 사람이 있는 것이다. 지방은 가볍고, 뼈나 근육은 무겁다.

우리는 튜브를 자주 사용하지만, 외국에서는 떠내려가는 것에 대한 두려움으로 튜브를 금지하는 해안이 많이 있다. 한편, 호수와 같은 온천은 깊어서 튜브를 사용해서 즐기는 곳도 있다.

처음에 수영을 할 수 있게 되면서 '삶이 변했다. 세계가 변했다'며 기쁨을 감추지 못하는 사람들이 있다. 떴다 가라앉는 인생에서 절대로 가라앉지 않는 인생에 대한 깨달음의 경지에 이르게 된 것과 같으리라.

다음으로 수영복에 관한 것인데, 이것만큼 남녀차별이 심한 것은 없다. 이전에는 남성용도 상의까지 있었으나, 언제부턴가

수학을 즐기는 마음

하의만 입게 되었다. 타잔처럼 근육이 우람하면 좋은데 갈비뼈가 튀어나올 정도로 마른 사람은 보기 흉하다.

게다가 상의를 벗으면, 체온을 유지하지 못해 위험한 경우도 있다. 근대 건축의 창시자인 프랑스의 르 꼬르뷔지에(Le Corbusier, 1887~1965)는 바다에서 수영을 하다가 심장발작을 일으켜 77세에 사망했다. 애석한 일이 아닐 수 없다.

물에서 사망하는 경우는 남성이 여성보다 압도적으로 많다. 이것은 수영복과 관계가 있는 것이 아닐까?

수영은 수중에서 손과 발을 움직이는 전신운동으로써, 적당한 물의 저항을 받는 최고로 좋은 운동이다. 몸의 불편한 부분은 치료되고, 노화 방지에도 도움이 된다. 수영한 다음에는 심신이 다 같이 상쾌하다.

뜨기 어려운 사람이나 고령자 등이 즐겁게 수영할 수 있도록 부력재를 안에 붙인 수영복이 있으면 좋을 것이다. 그러면 물놀이 사고도 예방할 수 있다. 수영에는 육상에서의 운동으로는 얻을 수 없는 큰 효과가 있다.

11) 전쟁과 재해

카르마설에 의하면 인류의 범죄가 쌓이고 쌓여 일정한 양에 도달하면, 바람이 불듯 불어서 없어지게 하는데, 바로 전쟁이나 재해 등의 큰 사고가 끔직하게 일어나는 것이다. 마치 몸 안의 독소가 고름이 되어 빠져나가는 것과 같은 것이다.

전쟁이나 재해에 의해 죄가 사해지고, 지구가 정화된다는 뜻이지만, 많은 사람이 죽지 않으면 안 된다. '죄의 값은 죽음'이기 때문에. 죽은 사람은 인류의 죄의 한 단면을 짊어지는 것이 된다. 결코 헛된 죽음이 아닌, 그리스도의 십자가와 같은 맥락인 것이다.

하나님과 석가모니의 눈으로 보면, 무의미한 죽음은 하나도 없다.

태평양전쟁으로 인한 많은 사람의 죽음은 일본의 죄를 대신 짊어진 것이다. 특히 원자폭탄은 영적으로 보면 일본을 크게 정화시킨 것이다. 그것으로 인해 전후의 번영이 약속되었다. 역으로 미국은 고난이 많은 길을 걸어가기 시작했다. 나라에도 윤리적 인과율이 적용되는 것이다.

사망자의 수가 발표되기는 했지만, 실제는 그보다 몇 배나 많은 사람들이 슬퍼해야 했다. 전쟁과 재해는 가정의 파괴를 낳는다는 것을 알지 않으면 안 된다.

일본이 진주만을 기습함으로 인해 일본에게 선전포고를 하기 위하여 미의회가 개최되었지만, 오직 한 사람 여성 의원만이 전쟁의 개시를 반대했다. 그녀는 비국민非國民으로 불릴 정도로 비난을 받았으나 이제부터 시작될 가족의 탄식을 예견한 것으로 보인다.

일본은 고대 그리스의 스파르타와도 같이 항복을 거부하고, 이길 가능성이 없음에도 불구하고 전쟁을 계속했다.

특공대 등으로 미국도 전쟁에 대한 염증이 일어나 포스담 선언이라고 하는 관대한 항복조건을 일본에 제시했지만, 일본 정부는 군부의 반란을 두려워해 묵살하고 말았다. 그 결과는 원폭을 가져왔다. 선언문의 말미에는 "수락하지 않으면 철저한 파괴가 있을 것"이라고 쓰여 있었다.

원폭에 의해 전쟁은 종결되었고 일본과 미국의 직접적인 전면전에 의한 양국의 엄청난 희생은 피할 수 있게 되었다. 그로 인해 미국은 "원폭의 투하는 정당방위였다"라고 말하고 있지만, 왜 "어쩔 수 없었다"고 말하지 않는 것일까?

원폭의 희생자에 의해 많은 사람들의 생명이 구원받았기 때문에 대신 죽은 그분들에게 감사를 드리지 않으면 안 된다. 당연히 미국 대통령도 히로시마와 나가사키를 찾아 참배해야 한다고 생각한다. 이것은 사죄와는 구별되는 것이다. 미국은 원폭의 피해에 관해서는 피하고 지나치는 것 같은데, 실제 핵실험에 의한 후유증을 앓고 있는 사람도 있다.

전쟁과 재해로 인해 비명의 죽음을 당한 사람들은 좀처럼 구원받지 못한다. 야스쿠니 신사에 제를 올리고, 수상이 참배하는 정도로는 부족하다. 한 사람, 한 사람을 위하여 극진하게 명복을 빌 필요가 있다.

"일본과 미국의 전쟁은 방위전쟁이었다."라고 말하는 사람이 있지만 중국과의 무의미한 전쟁을 그만하라고 한 미국에 저항했던 것 때문에 진정한 의미에서는 방위전쟁이라 말할 수 없다.

화살로 하는 전쟁이라면 또 몰라도, 막강한 파괴력을 가진 근대병기에 의한 전쟁만큼 어리석은 것은 없다. 그러한 생각에 미치게 만든 것은 바로 많은 시민들을 쓸어버린 제1차 세계대전이었다. 이후로는 결코 전쟁을 해서는 안 된다고 깊이 명심하고, 국제연맹(UN)을 만들어 두 번 다시 독일이 전쟁을 일으키지 않도록, 무거운 배상을 부과한 것이다.

그런데 그것이 오히려 반대의 현상을 일으켰다. 독일은 이러한 것에 반발하고 히틀러가 나타나 제2차 세계대전(1939~1945)이 시작되었다. 깨진 기와조각이 산을 이루고, 1차 대전의 5배가 넘는 사망자가 속출했다.

일본도 전쟁에 넌더리가 나서 평화헌법을 제정했지만, "전쟁

수학을 즐기는 마음

을 증오한다."라는 것뿐이지 평화에 대한 확고한 이념이 있는 것은 아니다. 그 때문에 미국의 전쟁을 돕는다든가 오히려 테러의 위험을 자초하고 있는 것이다.

전쟁 그 자체를 부정하여 세계의 평화에 공헌하는 것이 평화 헌법의 본래의 이념이었을 것이다. 방위성은 평화성으로 하여 평화를 위한 활동을 해야 한다. 방위도 평화의 일환인 것이다.

도쿄역 마루노우치쪽의 붉은 벽돌 건축은 1914년에 완성된 일본의 현관이지만, 전쟁으로 인해 불 타버렸다. 그래서 원래 3층이던 건물을 2층으로 하고, 지붕도 평면형으로 바꾸어 복구했다. 이것은 전쟁 전에 '대일본제국'으로부터 '일본국'으로의 변화를 상징하는 것이라고 생각된다.

그러나 현재 이전의 모습을 복원하는 공사가 시작되었다. 그것에 의해 전쟁의 상흔이 또 하나 사라지게 되었다. 최근, 전쟁을 알지 못하는 세대들은 일본의 전쟁 전의 모습으로 되돌리려고 하는 움직임을 보이고 있는데 바로 이러한 공사가 그러한 그들의 세태를 상징하고 있는 것 같다.

지금 붉은 벽돌의 도쿄역 건물을 보고 "안심"이라고 하는 사람이 있다. 이것을 1층 더 올려 일본적이지 않은 둥근 지붕의 돔식이 되면 위압감이 생기지 않을까?

12) 생명

산모가 비명을 지르고 아기가 태어나면 신체가 모두 성한지 보고 안심하게 된다. 그러면 신체는 어떻게 만들어진 것일까?

세포 안에 있는 DNA라고 하는 설계도에 의해 이루어진다고 여겨지고 있지만 설계도를 만드는 사람이 없다면 실현이 불가능하다. 그렇다면 만든 사람은 누구일까? 바로 '생명'이다.

'생명'은 사람의 지혜를 훨씬 뛰어넘은 움직임으로 이 움직임이 신기하다고 생각하지 않는 것이 오히려 신기하다. "하나님이란 생명의 또 다른 이름이다."라는 말도 있다.

'생명'은 일종의 파동으로써 신의 세계로부터 오는 것이다.

파동이 신체를 만들고, 또 우리들의 심장을 뛰게 한다. 문자 그대로 태어남을 얻게 된 것이다. 내장된 전지에 의해 텔레비전이 나오는 것이 아니라 전파에 의해 나오듯이 생명도 몸 안에 있는 전지는 아니다.

때문에 심장을 마음대로 멈추게 한다던가 하면 큰 죄가 된다. 자살, 전쟁을 포함한 타살, 사형 등 모든 생명(신)에 대한 죄인 것이다.

생명은 결코 자신의 소유가 아니다. 지은 죄에 대한 죄책감으로 인해 자살을 하는 사람이 있지만, 이것 때문에 또 다른 죄를

수학을 즐기는 마음

범하게 되는 결과를 가져온다. 자신(신)의 척도는 인간의 척도와 다르다.

괴롭거나 피하고 싶기 때문에 자살을 하는 것도 저세상에서 더욱 큰 고통을 맛보게 되는 것이다.

학교의 생물 시간에 생명의 신비함에 대해 반드시 가르쳐야 한다. 씨를 뿌리면 싹이 나오는 것처럼 당연한 것은 아니다. 이 같은 씨를 사람이 만들 수 있을까?

이 초자연적인 신기함이 이해되면, 저절로 생명의 소중함을 알게 될 것이다.

어떤 나라의 왕이 일본을 방문하고 돌아가면서 특산물로 무엇이 좋을지 물어 보았더니 '수도꼭지' 라고 말했다고 한다. 꼭지를 트니 물이 나와 편리했다는 것이다.

왕은 수도꼭지가 있는 배관, 정수장, 저수지 등의 방대한 설비에 관해서는 알지 못했던 것이다.

우리들은 이것을 그냥 웃어 넘길 수 있을까? 씨를 뿌리면 싹이 나오는 것은 당연하다고 말하는 것은 '왕의 수도꼭지' 와 같은 생각이다.

사형은 지금에 와서는 극형이 아니다. 일생동안 감금되는 종신형이 더 괴로운 것이다. "유족의 마음을 고려해 사형에 처한다"라고 곧잘 말하곤 하지만, 그것은 잘못된 것이다. 유족은 범인을 용서하지 않으면 안 된다. 그로 인해 전생에 쌓인 죄를 없앨 수 있기 때문이다. 만약 여기에서 용서하지 않으면 다음 생에서 같은 고통을 받을지도 모른다.

그것을 윤회환생이라고 하며, 이러한 굴레에서 빨리 벗어나는 것이 바로 행복인 것이다.

13) 용서

당한만큼 갚아 준다. 이것은 상식이다. 갚아 주지 않으면 약자로 취급되기 때문이다.

하지만 예수 그리스도는 "7번씩 70번까지라도 용서하라"고 말했다.

노자는 "원수를 덕으로 갚으라"고 말했다.

용서가 없는 세계는 싸움이 끊이지 않고 평화가 없다. 평화의 최고 조건은 바로 '용서'인 것이다.

뉴욕의 9·11 테러사건도 결국 용서할 수밖에 없다. 물론 이것은 테러를 인정한다는 것과는 다르다.

가족이 누군가에 의해 살해되었다 하더라도 범인을 용서해야 한다. 물론 이것도 살인을 인정하는 것은 아니다.

당했다라고 하는 것은 당한 만큼의 원인을 과거 또는 전생에서 제공했기 때문이다. 실제 9·11 테러는 미국이 다른 나라를 포격한 것에 대한 보복의 수단이었다.

타인을 용서하는 것과 같이 자기를 용서하는 것 또한 대단히 중요하다. 자살은 스스로를 용서하지 않는 것에서 기인하는 것이다.

용서는 바로 수용이다.

그렇게 싫어하던 허수를 받아드림으로 수학은 더 크게 발전했다.

아인슈타인(Albert Einstein, 1879~1955)이 빛의 속도에 관한 의문을 받아들였기 때문에 상대성이론이 나올 수 있었다.

수용이라는 것은 중요한 삶의 방법인 것이다.

모든 것을 부처님께 맡기고 생활을 바꾼(수용한) 신앙심이 깊은 사람들이 있다. '묘코닌妙好人'들로 염불을 통해 왕생하는 종파의 신자들이지만 불교계의 중진 스즈키 다이세쓰鈴木大拙 선사가 최고로 존경했던 인물들이었다.

용서한다는 것은 대단히 어렵지만 최고의 사랑이다.

여기에서 라인홀드 니버(신학자, Reinhold Nibuhr, 1892~1971)의 기도를 소개한다.

하나님!

제게 어쩔 수 없는 일들을 평온함으로 수용할 수 있는 은혜를 주시고, 내 힘으로 고칠 수 있는 것은 그것을 고칠 수 있는 용기를 주시며, 이를 식별하는 지혜를 허락하여 주소서!

인간의 불행은 이 좁은 유체幽體에 갇혀 있는 것으로부터 태어난다고 생각된다.

위아래(영계)도, 앞뒤(다른 생애)도 알지 못한 상태가 되고 만다.

그렇지만 이것은 수행을 위한 것이다. 이 제약 가운데서 바르게 살아가기를 요구받는 것이다.

전후 일본사람은 물질적 욕망에 떠밀리면서 살아 왔다. 지금은 그 욕망을 90도 다른 방향(마음)으로 돌리지 않으면 안 된다.

이승은 영화의 한 장면과 같은 것이다. 인생을 긴 안목으로 보아야 한다. 그리고 모든 것을 수용하는 것이 중요하다. 수용(용서)이야말로 평화의 기본인 것이다.

수용이라 말해도 잘못된 것은 바로 잡지 않으면 안 되지만……

사람은 모두 큰 태양(신)으로부터 분리되어 나온 작은 태양을 마음 속 깊은 곳에 간직하고 있는 것이다.

그러나 그 빛은 근심에 의해 흐려져 있다. "살아 있는 것이 백 년도 못 되는데, 항상 천 년의 근심으로 괴로워한다."는 시가 6세기 중국의 『문선文選』에 있다. 인간의 근심은 예부터 변함이 없었던 모양이다.

그리고 몇 번의 생의 수행을 통해 그 근심(업)이 사라져 버리고, 마음의 태양이 빛으로 환해질 때, 환희의 세계에 들어가게 된다.

인생의 최대의 목적은 영혼(마음)의 향상에 있다.

그러므로 여러 가지 수행이 주어진다. 하나는 윤리적 빚을 갚는 것(마이너스에서 제로로), 다른 하나는 시련으로서 견디어내면 저금(플러스)이 된다.

그러나 "화와 복은 새끼줄처럼 번갈아온다."는 말처럼 인생에서의 즐거움도 충분히 많다.

인생의 또 하나의 목적은 그 세계를 조금이라도 좋게 하는 것이다. 그 때문에 자기의 능력을 발휘하게 된다.

끝으로 고이 마사히사는 다음과 같은 말을 기록했다.

"신이란 우주에 두루 퍼져 있는 생명의 원리이자 창조의 원리이며, 인간이란 신의 생명을 본떠 세계에서 활동하는 신의 아들인 것이다."(『신과 인간』)

수학을 즐기는 마음

『博士の愛した數式』(小川洋子)

『神と人間－安心立命の道しるべ』(五井昌久)

『復活の法－未來を´この手に』(大川隆法)

『佛敎聖典』(佛敎傳道協會)

『代數學講義』(高木貞治)

『天才の榮光と挫折－數學者列傳』(藤原正彦)

『秋山仁の中學生おもしろ數學』(日本放送出版協會)

『林住期』(五木寬之)

『人生の四季に生きる』(日野原重明)

저자 이마무라 키요시(今村 淸)

1931년 도쿄 출생.

도쿄대 공학부 선박공학과 졸업.

이시가와지마 하리마중공업(현 IHI)을 정년퇴직.

잡지 《배의 과학》에 「북대서양 객선의 선적」(1989 · 90) 등

다수의 논문 발표.

역자 정연우

1935년 경북 포항 출생.

동국대학교 법과 졸업, 성공회 성 미카엘 신학원 졸업.

대한 성공회 서울교구 사제.

명지대학교 행정대학원 졸업(행정학석사).

일본 성공회 동경교구 연수.

일본 성공회 오사카교구 사제.

사단법인 한국반달문화원 이사.

수학을 즐기는 마음

인쇄 2010년 8월 25일 | 발행 2010년 9월 10일
지은이 · 이마무라 키요시(今村 淸) | **옮긴이** · 정연우
펴낸이 · 한봉숙 | **펴낸곳** · 푸른사상사

등록 제2-2876호
주소 서울시 중구 을지로3가 296-10 장양B/D 7층
대표전화 02) 2268-8706(7) | **팩시밀리** 02) 2268-8708
메일 prun21c@yahoo.co.kr / prun21c@hanmail.net
홈페이지 www.prun21c.com

@ 2010, 이마무라 키요시

ISBN 978-89-5640-768-5 03410

값 15,000원